KB074123

청소년을 위한

잘못 알기 쉬운 과학 개념

전파과학사는 독자 여러분의 책에 관한 아이디어와 원고 투고를 기다리고 있습니다. 디아스포라는 전파과학사의 임프린트로 종교(기독교), 경제 · 경영서, 일반 문학 등 다양한 장르의 국내 저자와 해외 번역서를 준비하고 있습니다. 출간을 고민하고 계신 분들은 이메일 chonpa2@hanmail.net로 간단한 개요와 취지, 연락처 등을 적어 보내주세요.

청소년을 위한

잘못 알기 쉬운 과학 개념

초판 1쇄 1994년 05월 30일
개정 1쇄 2023년 06월 27일

지 은 이 조희형
발 행 인 손영일
디 자 인 장윤진

펴낸 곳 전파과학사
출판등록 1956. 7. 23 제 10-89호
주　　소 서울시 서대문구 증가로18, 204호
전　　화 02-333-8877(8855)
팩　　스 02-334-8092
이 메 일 chonpa2@hanmail.net
홈페이지 http://www.s-wave.co.kr/
공식 블로그 http://blog.naver.com/siencia

ISBN 978-89-7044-608-0(03400)

청소년을 위한

잘못 알기 쉬운 과학 개념

조희형 지음

전파과학사

머리말

일반적으로 과학은 어느 학문보다도 합리적인 분야로 인식되고 있다. 과학은 대체로 논리적 추론과 수학적 사고를 기초로 하는 과학적 방법으로 이루어지며, 그 과정을 통해서 발견된 자연의 진리들은 조직적이고 체계적인 과학지식을 이루고 있다고 생각한다. 지금까지 과학은 이런 가정을 전제로 탐구되어 왔으며, 학생들도 그런 가정에 따라 과학을 공부해 왔다. 과학이 진정 이와 같은 속성을 지니고 있다면 그것은 누구나 쉽게 가르치고 배울 수 있는 학문일 것이다. 과학적 방법은 보편적인 절차와 과정을 익히고 몇 가지의 기술을 습득하기만 하면 된다. 과학지식은 그 구성요소들을 차례대로 공부만 하면 언젠가는 다 배울 수 있기 때문이다. 그러나 현실적으로는 과학이 이해하기 어렵고 잘못 알기 쉬운 학문으로 인식되고 있으며, 실제로 그렇다는 것을 보여주는 증거도 많이 제시되고 있다. 학생들이 잘 알고 있다는 과학지식은 조금만 분석해 보면 그릇된 개념이 대부분인데, 이것이 바로 그런 증거 가운데 하나이다.

학생들이 틀린 지식을 가질 수 있다는 사실은 과거 4,000여 년 동안 과학이 발달해 온 방법과 그 과정을 분석해 보면 쉽게 이해된다. 과학사는 어느 영역에서나 보편적으로 적용될 수 있는 과학적 방법이란 있을 수 없으며, 시대적 상황에 따라 여러 가지 절차와 과정으로 구성된 과학적 탐구 방법이 제시되었음을 잘 보여준다. 과학사는 또한 지금까지 절대적으로 옳았던 과학지식이 없었으며, 그것은 언제나 새로운 과학적 개념 및 이론과 그 체계가 변화되어 발달해 왔다는 것도 분명하게 보여준다. 현대의 과학철학자들은 이와 같은 과학사적 분석 결과를 근거로 과학에 관한 새로운 견해를 제시한다. 그들은 과학적 방법을 객관적인 탐구 방법이나 연구법으로 보지 않으며, 과학지식을 영원히 불변하는 절대적인 진리의 체계로도 생각하지 않는다. 그들은 과학적 방법 그 자체와 그것을 통해 형성·검증되는 과학지식을 시대적 상황과 문화적 가치관의 산물로 본다.

특별히 이와 같은 관점에서 본다면 학생들이 과학지식을 잘못 알 수도 있게 되는 것은 당연하다고 하겠다. 과학지식이 절대적 진리라면 학생들이 과학지식을 개인에 따라 많이 혹은 적게 가질 수는 있을망정 잘못 알 수는 없을 것이다. 그러나 학생들은 과학자들의 지식에 비교해 볼 때 그릇된 과학지식을 많이 가지고 있다. 한편, 학생들이 잘못 알고 있는 과학지식을 많이 가지는 원인의 하나는 그들 나름의 경험을 통해서도 그것을 획득하기 때문이다. 학생들은 학교의 형식 교육을 받는 과정에서 많은 과학지식을 습득하지만 일상생활이나 자연의 직접적인 경험을 통해서도 적지 않은 과학지식을 획득한다. 특히 그렇게 획득한 지식은 그들에게 정합적이고 논리적인 경우가 대부분이다. 그렇지만 그런 과학지식은, 학생들이 겪은 경험이 한정되어 있기 때문에 그들이 자연을 탐구하거나 학교에서 과학을 학습할 때 저해요인으로 작용하기도 한다.

이 책에서는 학생들이 잘못 알기 쉬운 과학지식과 그것을 구성하는 개념의 속성에 대해서 살펴본다. 먼저 현대적인 의미의 과학과 과학지식의 본질이 무엇인지 살펴보고, 그 결과에 비추어 학생들이 잘못 알기 쉬운 과학지식과 그것을 구성하는 개념의 특성을 살펴본다. 개념은 물리·화학·생물·지구과학 분야로 나누어 살펴보되, 특히 현행 과학교육과정에 포함되어 있는 것을 중심으로 고찰한다.

이 책이 나오기까지 많은 사람들의 도움이 있었다. 누구보다도 과학개념에 대해 자신들의 생각을 진솔하게 말해 준 생면부지의 많은 학생들에게 감사한다. 모른다는 것을 스스로 밝히기에는 대단한 용기가 필요하다. 그들의 솔직한 생각들은 앞으로도 과학교육을 개선하는 데 귀중한 자료가 될 것이며, 심리학과 인식론의 발전에도 유용하게 활용될 것이다. 이들의 생각을 바탕으로 내 자신의 생각을 명료하게 정리할 수 있었던 것은 강원대학교 과학교육과 학생들의 덕택이었다. 그들에게도 감사한다. 어려운 여건 속에서 출판을 쾌히 승락해 주신 손영일 사장님께도 심심한 사의를 표하지 않을 수 없다.

조희형

목차

4장 잘못 알기 쉬운 생물 개념

5장 잘못 알기 쉬운 지구과학 개념

6장 과학을 잘못 알기 쉬운 이유는?

1장

과학의 특성

일반적으로 과학의 본성과 과학지식의 특성을 잘못 인식하고 있다. 과학을 배운 지 오래된 일반인들은 물론이고 지금 현재 과학을 배우고 있는 중·고등학생도 많은 과학 개념의 의미와 특성을 잘못 알고 있다. 심지어는 과학을 전공하는 대학생조차 그릇된 과학지식을 적지 않게 가지고 있다. 이는 그 본질을 파악하기 쉽지 않은 속성을 내재하고 있는 과학 개념과 그것으로 이루어진 과학지식에 원인이 있지만, 그보다는 자연을 보고 이해하는 데 적용하는 기본 관점과 그것을 탐구하는 방법, 그리고 그 절차가 지니는 속성에 더 결정적인 원인이 있다. 우리가 현대를 살아가는 과정에서 이런 과학의 영향을 피할 수는 없다. 과학이 관련되어 있지 않은 일상생활의 영역이 없을 뿐만 아니라 사회를 떠나서는 과학이 있을 수 없기 때문이다.

과학의 본질에 대한 오해와 관련된 문제는 오늘날의 과학교육 현장에서 과학을 잘못 가르치기 때문에 생겨나기도 한다. 각급 학교에서는 과학을 그 본질과 직접적인 관계가 없는 각종 시험 대비의 하나로 가르치고 있으며, 학생들도 오로지 그런 시험을 위하여 과학을 공부하고 교사가 가르치는 그대로 수용하는 경향이다. 더군다나 가정이나 사회에서는 과학이 무엇인지를 신중하게 생각해 볼 겨를도 없거니와 생각해 본다고 할지라도 그저 자녀의 진학과 관련시켜 관심을 가져보는 정도다. 이런 상황에서 일반인들은 물론이고 학생들조차도 과학의 본성을 잘못 알고 있는 것은 당연하다고 생각한다. 한편 과학은 그것을 가르치고 배운 결과와 상관없이 과학기술 사회를 살아가는 데 필수적인 생활의 방편이자 합리적 사고의 한 수단이 되는데, 이는 곧 과학에 대한 올바른 이해가 건전하고 바람직한 삶의 전제 조건이 된다는 것을 뜻한다. 1장에서는 현대 인식론의 핵심적 관점과 그 신조에 관하여 간단히 살펴보고, 그것을 통해서 본 과학과 과학지식의 본질적 특성, 그리고 과학과 사회의 관계에 관하여 기술하고자 한다.

1. 현대의 인식론적 견해

자연을 탐구하거나 과학을 배우는 데 지름길은 없다. 더욱이 각급 학교의 과학교육 현장에서는 바람직하고 이상적인 과학교육의 목적과 방법에 관한 논란이 계속 일어나고 있다. 이런 상황에서 한 가지 분명한 것은 과학교육이란 학생들로 하여금 과학의 본질과 특성을 이해하도록 하는 데 근본적인 목적을 두어야 한다는 점이다. 그런데 과학의 본질과 그 특성은 그것을 보는 형이상학적·인식론적 관점에 따라 다르게 해석된다. 즉 철학적 견해에 따라 과학자들이 자연을 탐구하거나 학생들이 과학을 학습하는 과정과 방법이 다양한 의미로 해석된다. 여기서는 현대의 형이상학적 인식론적 관점과 견해에 관하여 간단히 살펴보고자 한다.

현대의 과학철학적·방법론적 신조는 경험주의 및 실증주의와 같은 전통적 견해를 부정하고 그 대신에 상대주의 인식론과 관념론의 본체론적 관점을 받아들이고 있다. 상대주의는 절대적인 진리란 있을 수 없으며 어떠한 신념도 그 나름대로 옳거나 타당하다고 주장하는 입장으로서 모든 현상 및 경험을 초월한 영구불변의 진리를 인정하는 절대주의와 대립된다. 절대주의에 대립되는 입장을 취하는 상대주의는 대체로 방법론적 입장과 인식론적 입장으로 나누어 그 견해를 밝히고 있다.

방법론적 입장으로서의 상대주의는 절대적이고 객관적인 기준의 존재 자체는 물론이고 그것에 접근할 수 있는 방법과 그것의 절대적 효용성조차도 부정한다. 이 입장에 따르면 아무리 옳고 타당하며 합리적인 신념과 그에 따른 과학적 탐구의 방법도 그렇지 않은 것만큼 문제가 된다고 본다. 절대적이고 객관적인 과학적 탐구의 방법과 과정이란 있을 수 없으며 어느 것이나 그에 독특한 타당성과 가치를 지닌다는 견해다. 과학의 합리성에 관하여 논의하는 과정에서 현대의 상대주의는 논리적 추론의 타당성조차도 사회 및 단체와 시간에 따라 다르게 결정되기 때문에 논리적 추리도 객관적인 과학적 방법이 될 수 없다고 주장한다. 이러한 관점을 근거로 현대의 상대주의자들은 과학지식이 사회적 합의 과정을 거쳐 형성되며, 그러므로 과학을 결코 합리적인 학문으로 볼 수는 없다고 강조한다.

인식론적 입장으로서의 상대주의는 보편적이고 영원한 신념과 원리의 타당성을 부인한다. 특히 19세기 독일의 역사주의 전통을 이어받은 상대주의가 20세기에 들어서서는 과학철학, 사회학, 그리고 역사학 등의 영향을 받아 절대적 진리란 있을 수 없다고 주장하는 현대의 상대주의로 발전했다. 현대의 상대주의는 만하임(Mannheim, 1893~1947)의 '지식의 사회학'과 쿤(Kuhn, 1922~1996)의 '과학의 사회학'이 그 핵심을 이루며, 진리·합리성·윤리·설명에 주된 관심을 두고 있다. 이런 현대의 상대주의에 의하면 사물은 독립적 실체에 비추어 단순히 참이라거나 거짓이라고 말할 수 없으며, 그 진위의 여부는 반드시 특정한 시점에서 특정 사회와 그 단체에 의해 결정된다.

관념론은, 실체란 관념 혹은 마음으로 구성되어 있으며, 최소한 그에 의존한다고 보는 하나의 형이상학적 견해로서 실재론·유물론·현실주의에 대립된다. 관념론자들은 궁극적으로 의식이 물질에 비해 근본적이고 일차적이며 규정적이라고 본다. 인식하려는 세계는 외부의 물질적 현상계가 아니라 영원히 변하지 않는 관념의 세계라는 주장이다. 한편 이 주장은 실체가 인간과 독립적으로 존재하지만, 그것은 단지 구조화된 형체로만 알 수 있다고 강조한 칸트(Kant)의 인식론에 근거를 두고 있다. 이에 따르면 과학지식은 결코 사고와 독립적으로 존재할 수 없다고 볼 수 있는데, 현대의 심리학자들은 과학지식이란 능동적 사고 과정을 통해서 구성된다고 주장한다.

관념론은 이데아(idea)의 의미와 그 대상에 따라 객관적 관념론, 주관적 관념론, 이상주의로 크게 나누어진다. 객관적 관념론은 그것을 객관적 실재로서의 형상, 즉 이데아로 보며 형상을 근본 원리로 받아들인다. 한편 주관적 관념론은 이데아를 주관적 표상으로서의 개념이나 생각, 즉 관념으로 보며 주관이나 마음의 표상, 즉 의식내용으로서의 이데아를 관념으로 취급하는 버클리(Berkeley, 1685~1753)의 관념론이 이를 대표한다. 이상주의는 이데아를 이성으로 파악할 수 있는 개념으로 보며, 현실에 대한 이상도 인정한다.

오늘날에는 이와 같은 상대주의 및 관념론에 따라 과학과 과학지식, 그리고 과학적 탐구 방법을 전통적인 의미와 다르게 해석하고 있다. 현대의 인식론에 의하면 과학지식은 절대적 진리가 아니며, 절대적 가치를 지닌 것도 아니라고 한다. 그것은 시대와 상황에 따라 그 가치와 효용성이 변하는 가변적·잠정적 설명체계라는 것이다. 오늘날에는 과학적 방법도 보편적인 절차와 과정으로 이루어진 것이 아니라 과학자와 주제에 따라 특이한 속성을 지닌 것으로 생각하고 있다. 과학은 이와 더불어 합리적·논리적·객관적 특성보다는 그것의 비합리적·사회적·주관적 특성을 더 강조하고 있다. 또한 현대의 과학에서는 논리적·수학적 접근법 못지않게 사회학적·역사학적 접근법도 중요시하고 있다.

2. 과학이란 무엇인가?

우리나라의 한 국어사전에는 과학이 '보편적인 진리나 법칙의 발견을 목적으로 한 체계적 지식'으로 정의되어 있다. 과학을 이처럼 과학지식과 그것으로 이루어진 조직적 체계로 정의할 때 그것은 학(學)과 같은 뜻을 나타낸다. 과학이 이보다 더 좁은 의미로는 일반적인 학문을 총칭하는 용어로 쓰이기도 하고 더욱 좁은 의미로는 단순히 자연과학만을 일컫는 데 사용되기도 한다.

그러나 과학은, 그 용어가 생겨난 연원에서도 찾아볼 수 있듯이, 일반적이고 간단명료한 용어와 의미로 특징지을 수 있는 학문이 아니다. 영어 science는 원래 '안다'를 의미하는 라틴어 scientia에서 유래했다. 이 말이 함축하고 있듯이 과학은 과학지식만으로 구성된 것이 아니며 과학적 방법도 그것을 이루는 한 구성요소다. 그러므로 과학은 과학지식만으로 그 학문적 특성을 나타낼 수도 있지만 과학적 방법으로도 그 구조를 특징지을 수 있다.

과학적 방법은 과학자들이 과학적 연구를 수행하거나 자연을 탐구하는 과정에서 선정·이용하는 기준과 원칙이다. 그러나 한 가지의 과학지식을 형성하는 데도 여러 가지 과학적 방법과 과정이 있을 수 있다. 과학자들은 그중에서 하나의 과학적 방법을 선택하여 과학지식을 형성하거나 검증하는 경우가 많다. 한편 과학자가 과학적 방법을 선택하는 근거와 기준은 그가 속해 있는 사회적 배경이나 문화적 가치관에 있다. 그러므로 과학은 <그림 1-1>과 같이 과학지식, 과학적 방법, 과학자, 그리고 사회·문화적 여건으로 구성되어 있으며, 과학의 본질은 이와 같은 구성요소들의 특성에 대한 분석을 통해서 이해할 수 있다.

과학의 본성은 그것이 발달해 온 과정과 방법에 대한 분석을 통해서도 파악할 수 있다. 그런데 과학이 발달한 과정과 방법은 과학에 대한 관점에 따라 그 해석이 달라진다. 과학을 자연에 대한 인간의 순수한 호기심을 만족시키기 위한 학문으로 본다면 그것은 고대에 인류의 문명이 발생함과 동시에 생겨났다고 말할 수 있다. 비록 목적론적이고 신화적인 수준을 벗어나지는 못했지만 고대인들은 일련의 설명체계에 따라서 자연에서 일어나는 여러 현상을 설명하고 그것을 통해서 자연 세계와 만사를 이해하기도 했다. 그들은 모든 것이 변한다는 아리스토텔레스의 생각에 따라 비금속에서 금속을 만들려는 연금술을 발달시켰고, 질병의 원인을 체내 물질의 불균형에 두고 체내의 균형을 회복시키는 작용을 한다고 생각되는 화학물질로 약을 만들어 복용하기도 했다. 그들은 또한 나름의 독특한 수단과 방법을 통해서 자연에 대한 정보를 얻고 그 정보를 지식으로 체계화했으며, 그 지식을 생활에 이용하기도 했다. 고대인들은 건강을 보호하기 위해 약초를 이용할 줄도 알았으며, 농경 생활에 수레, 마차, 지렛대, 도르래 등을 이용할 수 있을 만큼의 지식도 쌓았다.

과학을 단지 학문적 영역으로만 보지 않고 기술(skill)과 상보적인 관계가 있다고 본다면 그것은 16~17세기의 과학 혁명기에 시작되었다고 말할 수 있다. 이 기간에는 학자적 전통과 장인의 전통이 통합됨으로써 과

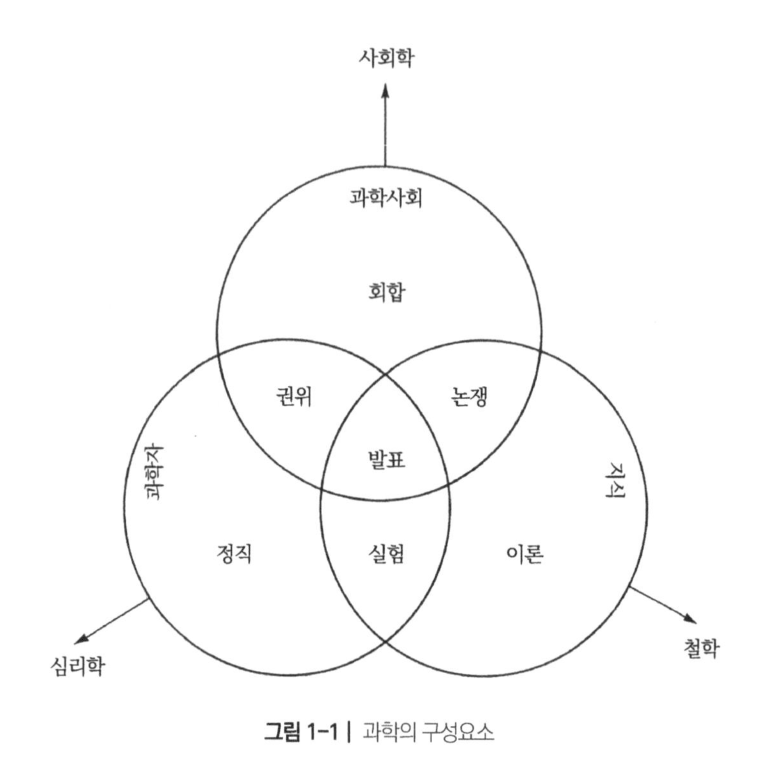

그림 1-1 | 과학의 구성요소

학과 기술이 상승적으로 발달할 수 있었다. 과학의 발달이 신기술의 개발을 촉진하고, 신기술의 개발은 과학이 한 차원 더 높은 단계로 발달할 수 있는 새로운 수단과 방법 및 관점을 제공했다.

과학 혁명기 이래로 과학은 기술을 통해 사회에 응용하여 일상생활을 풍요롭고 편리하게 하며 사회의 문제를 해결하기 위한 수단으로 인식되었다. 그러나 오늘날에는 과학과 기술이 통합되어 있어서 그 구분이 애매모호하다. 따라서 과학과 관련된 성과가 순수한 과학적 연구의 결과인지 아니면 기술 개발의 산물인지를 구분하기도 매우 어렵다. 우주 정거장이나 고속전철을 순수한 과학의 결과로만 볼 수 없게 되었으며, 기술 개발의 성과로 보기는 더욱 어렵게 되었다. 이는 과학이 기술을 통해 인간의 생활과 사회에 응용되는 과정에서 과학과 기술이 통합된 결과이다. 이처럼 과학과 기술이 통합되었다고 가정할 때 과학은 20세기 이후에야 성립되었다고 볼 수 있다. 과학과 기술의 통합적 관계는 그것들이 발달함에 따라 그만큼 더 밀접해지며 이미 그 구분이 사실상 불가능할 정도로 발달되어 있기 때문에, 오늘날에는 이 두 용어가 과학적 기술 혹은 과학기술(technology)로 총칭되고 있다.

오늘날 과학과 과학기술은 어느 학문 분야보다도 발달되어 있으며, 현재 인류가 직면하고 있는 모든 문제가 반드시 과학과 과학기술에 의해 해결될 수 있을 것으로 기대하고 있다. 과학계와 과학철학계에서는 이러한 과학에 대한 맹신주의를 일컬어 과학주의라고 한다. 과학주의는 모든 경험적 명제가 궁극적으로는 자연과학의 명제가 된다고 보고 이 관점을 근거로 철학적 논의는 항상 자연과학적인 전제하에 출발해야 한다고 주장한다. 과학에 대한 만능주의로도 생각할 수 있는 과학주의는 흔히 과학에 대한 오해로부터 비롯된다. 과학은 과학주의자들이 생각하고 있듯이 인류에게 반드시 이로움만을 가져다주는 학문이 아니다. 현재의 인류는 과학이 진보되고 과학적 기술이 개발된 결과에서 초래된 여러 가지 문제에 직면하고 있으며, 그중에서도 인류의 생존을 위협할 만큼 심각한 문제 대부분이 과학과 과학적 기술만으로는 해결되지 않는다. 과학이 발달하고 과학적 기술이 개발되는 과정에서 이용된 논리가 이런 문제의 해결에는 효과적으로 적용될 수 없기 때문이다.

과학과 과학적 기술은 인류에 풍요로움과 편리함을 가져다주는 것이 보통이지만 양날을 가진 칼과 같아서 쓰임에 따라서는 안락한 삶을 위태롭게 하는 무기가 될 수도 있다. 말하자면 과학과 과학적 기술은 인류에 긍정적인 영향과 더불어 부정적인 영향도 미칠 수 있는 특성을 지닌다. 한편 과학과 과학적 기술이 인류에 부정적인 영향을 미칠 수 있다는 것은 과학과 과학적 기술의 본성에 대한 새로운 인식의 전환을 요구한다. 과학과 과학적 기술이 지니는 부정적 측면은 무엇보다도 그것이 지니는 학문적·합리적인 특성 못지않게 심리학적·사회학적 특성, 즉 비합리적이고 주관적인 특성도 중요시되어야 한다는 것을 요청한다.

반드시 이 때문만은 아니지만 오늘날에는 과학의 심리학적·사회학적 특성이 과거 어느 때보다도 중요시되고 있다. 일부의 과학철학자들은 과학자들이 자연을 탐구하는 실제의 과정과 학생들이 과학지식을 학습하는 과정의 본질이 심리학적 접근법으로도 파악될 수 있다고 주장하고 있다. 또 과학이 진보할수록 그리고 과학기술이 발달하면 할수록 과학과 과학기술이 나타내는 사회학적 특성은 더욱 중요시되어야 한다고 믿는다. 이런 신념은 산업화·정보화 사회로 이행하고 있는 현대 사회의 속성으로도 그 타당성이 정당화된다. 과학이 고도로 발달된 현대 사회에서는 새로운 과학지식을 형성하는 것보다 기존의 과학지식과 정보를 이용하는 것이 국가적으로나 사회적으로 더 실용적일 수 있고, 그만큼 더 효율적일 수도 있다. 한편 과학지식 및 과학적 정보의 이용 가치와 그 효용성은 국가적 이념과 사회적 요구, 그리고 문화적인 가치관에 의해 결정된다.

3. 과학지식의 형성과 그 속성

지식은 앎 그 자체나 알고 있는 내용을 의미한다. 이런 의미에서 본다면 과학지식은 영원히 변하지 않는 절대적인 진리로 이루어진 조직적인 체계로 가정할 수 있으며, 실제로 그렇게 인식되어 왔다. 전통적으로 과학지식은 관찰이나 경험을 통해서 발견한 자연의 불변적 진리가 체계적으로 누적되어 형성되고 발달한다는 생각이 지배적이었다. 그러나 과학이 발달되어 온 실제의 과정은 과학지식을 반드시 이와 같은 의미로만 정의할 수 없다는 것을 드러낸다. 과거 4,000여 년의 과학사는 과학지식이 영원히 변하지 않는 절대적인 진리가 아니라 계속 변화하고 발달해 왔음을 보여준다. 아리스토텔레스(Aristotle, B.C. 384~322)가 지녔던 힘과 운동의 개념이 갈릴레오(Galileo, 1564~1642)의 실험에 의해서 부정됨과 동시에 뉴턴(Newton, 1643~1727)의 고전역학으로 대체되었으며, 그것이 다시 아인슈타인의 상대성 이론에 의해서 교체되었다. 고대의 천동설도 16세기에 지동설로 바뀐 다음 20세기에 들어와서는 현대의 우주론으로 발달했다. 이와 같이 과학지식이 계속 변화되고 발달했다는 사실은 과학지식이 절대적 진리가 아니라 상황에 따라서는 언제라도 새로운 의미로 해석될 수 있는 진술들의 체계임을 반증한다. 그런데 정의에 의해서 진리가 아닌 것, 즉 허위인 것을 '안다'고 말할 수는 없다. '옛날 사람들은 태양을 포함한 모든 행성이 지구의 주위를 돈다는 것을 믿었다'라는 말은 성립되지만, '고대인들은 태양을 포함한 모든 행성이 지구의 주위를 돈다는 것을 알았다'라는 진술은 옳지 않다. 옛날에도 그랬고 오늘날에도 지구를 포함한 모든 행성이 태양의 주위를 돌고 있기 때문이다.

따라서 오늘날의 인식론자들은 전통적 인식론자들이 말하는 것과는 전혀 다른 의미로 과학지식을 정의한다. 현대의 인식론자들은 과학지식을 자연으로부터 발견된 절대적 진리가 아니라 자연에서 일어나는 현상의 원인을 설명하고 이해하기 위해 과학자들이 구성한 잠정적인 설명체계라고 주장한다. 한편 과학지식이 과학자들에 의해 구성된 잠정적인 설명체계라고 하는 말은 과학자들에 의해서 그 의미와 속성이 언제라도 바뀔 수 있는 가변적 특성을 지니고 있다는 것을 뜻한다. 이는 과학지식이 언제나 변하지 않고 정체되어 있거나 과학적 사실들이 단순히 누적되어 발달한 것이 아니라 그 구성요소가 시대적 상황에 따라 새로운 것으로 교체되거나 그 의미가 부단히 변화되어 왔음을 보여주는 과학사에도 잘 나타나 있다.

오늘날의 과학철학계 및 과학계에서는 과학지식과 그 체계가 무엇으로 이루어져 있는가에 관한 문제가 뜨거운 쟁점이 되고 있다. 전통적 과학철학의 한 주류인 실증주의는 과학지식이 과학적 사실, 개념, 법칙 및 원리, 이론, 가설 등으로 구성되어 있다고 본다. 실증주의자들이 의미하는 과학적 사실은 단 한 번에 관찰하거나 경험한 것을 진술하는 단일 진술을 말한다. '지금 저 호수에 배 한 척이 떠 있다'라는 진술이 과학적 사실의 한 예다. 과학적 사실이 자연에서 일어나는 하나의 사건이나 현상을 기술하는 단일 진술을 지칭하는 것이라면, 과학적 법칙은 여러 사건과 현상에 공통적으로 나타나는 규칙성을 진술하는 복합 진술을 뜻한다. '나무는 물에서 뜬다'와 같은 진술은 과학적 법칙이다. 이 진술은 특정한 나무가 특정한 물에 뜨는 특수한 현상이 아니라 대개의 경우 나무는 물에 뜨는 규칙성을 기술한다. 이처럼 과학적 법칙은 자연현상이 지니는 보편성과 일관성을 기술한다. 한편 실증주의자들이 말하는 과학적 개념은 여러 사건이나 사물에 공통적으로 나타나는 속성을 의미한다. '책상'이라는 개념은 어떤 특정한 물건을 지칭하는 것이 아니라 그 재질, 모양, 색 등에 상관없이 그 위에 책을 얹어 놓고 읽을 수 있도록 만들어진 모든 물체가 지니는 추상적인 특성, 즉 그것들에 공통적인 준거 속성을 일컫는다.

과학적 개념이 대개 한 단어임에 비하여 과학적 이론은 여러 단어로 구성된 명제의 형식으로 진술되는 경우가 많다. 일반적으로 과학적 이론은 과학적 사실과 법칙을 설명하기 위해 구성된 추상적인 진술을 말한다. 어떤 물체가 액체에서 뜨거나 가라앉는 이유를 밀도나 부력의 개념을 도입하여 설명하는데, 이때 진술되는 명제는 과학적 이론이다. 과학적 이론은 그 속성상 과학적 법칙과 구분되며 그 형성 과정에서는 가설과도 구분된다. 과학적 법칙이 관찰 가능한 진술로 기술할 수 있는 현상의 규칙성을 의미함에 비하여, 과학적 이론은 직접 관찰할 수 없는 대상을 지칭한다.

또한 과학적 가설은 과학적 법칙과 이론이 검증되기 이전에 내세워진 임시적인 진술이라는 점에서 서로 구분된다. 과학적 가설은 여러 번의 검증을 통해서 그 참가치와 타당성이 확인될 경우 과학적 법칙이나 이론으로 일컬어지며, 반증될 경우 그냥 버려져 과학지식으로부터 떨어져 나간다.

실증주의자들에 따르면 과학적 사실은 영원히 불변하는 진리로서 과학지식의 확고한 바탕이 된다. 객관적인 입장에서 수행되는 관찰에 의해서 과학적 사실이 발견되면, 그 과학적 사실을 바탕으로 과학적 개념이 구성되거나 과학적 법칙이 발견되며, 그 과학적 사실과 법칙을 설명하기 위해 과학적 이론이 형성되는 등의 과정을 거쳐 과학지식이 체계화된다. 멘델(Mendel, 1822~1884)의 유전법칙과 유전학이 발달한 과정에 실증주의가 의미하는 과학 지식의 형성 과정이 비교적 잘 나타나 있다. 멘델은 잡종 제2세대에서 모양이 둥근 완두 5,474개와 주름진 완두 1,850개를 얻었으며, 노란색 완두 6,022개와 녹색 완두 2,001개를 수확했다. 그는 또한 완두콩 껍질과 깍지의 색, 깍지의 모양, 꽃의 위치, 완두콩 나무의 크기 등에 관한 실험을 통해서도 우성과 열성이 대략 3:1로 나타나는 것을 발견했다. 여기서 일곱 가지의 형질별 완두의 수는 과학적 사실이며, 일곱 가지의 형질이 지니는 공통적인 특성, 즉 우성과 열성의 비 3:1은 이른바 우열의 법칙으로서 생물학적 또는 과학적 법칙이다. 멘델은 우성과 열성이 대략 3:1로 나타나는 이유를 설명하기 위해 인자설이라는 가설을 제시했는데, 그의 인자설이 오늘날에는 유전자설이라는 생물학적 이론으로 확립되었다.

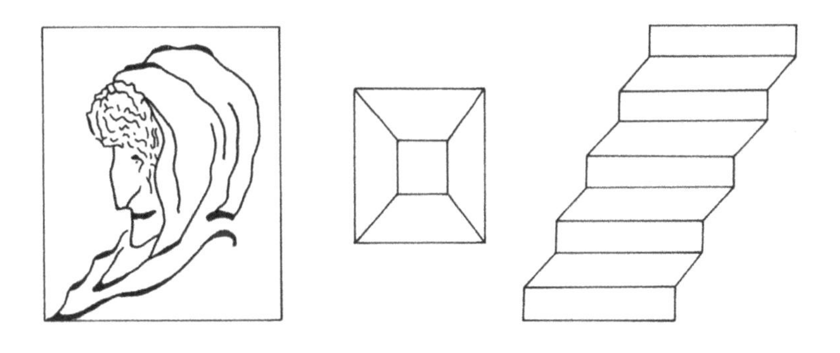

그림 1-2 | 관찰자에 따라 다르게 보이는 그림

그런데 현대의 과학철학자들과 방법론자들은 과학지식이 이와 같은 방법과 과정에 따라 형성된다고 설명하는 견해에 대해서 비판적인 입장을 취한다. 특히 현대의 인식론자들은 모든 과학적 사실이 실증주의자들의 주장처럼 객관적으로 관찰될 수 있는 자연의 진리를 나타내는 것은 아니며, 따라서 과학지식의 확고한 바탕도 될 수 없다고 주장한다. 과학적 사실은 〈그림 1-2〉와 같이 관찰자가 어떤 기대감, 선행지식, 사전경험 등을 가지고 그와 관련된 자연의 사물과 현상을 보느냐에 따라 서로 다른 의미로 진술될 수 있는 잠정적 명제라는 것이다.

〈그림 1-2〉의 왼쪽 그림은 보고자 하는 기대감에 따라 마귀할멈이나 아리따운 처녀로 보이며, 가운데의 그림은 밑면이 윗면보다 더 큰 육면체로 또는 그보다 더 작은 육면체로 보인다. 오른쪽의 그림도 보고자 하는 의도에 따라 두 가지의 물체로 보인다. 그것은 위에서 아래로 내려다보는 층계나 아래에서 위로 올려다보는 층계로도 보인다. 위의 그림들은 단순

히 착시 현상을 보여주는 예이지만, 과학적 사실이 관찰자 누구에게나 같은 의미를 가질 수는 없으며 보편적인 특성을 지닌 진술일 수도 없다는 것을 보여주는 증거이기도 하다.

과학지식이 지니는 이런 특성은 '해는 동쪽에서 떠서 서쪽으로 진다'와 같이 말하는 일반 상식에도 잘 나타나 있다. 2세기 중엽의 그리스 천문학자 프톨레마이오스(Ptolemaeos, 85?~165?)는 에우독소스(Eudoxos, B.C. 408?~355?)와 아리스토텔레스의 세계관을 받아들여 지구는 구형으로서 우주의 중심에 정지해 있고 태양, 달, 별들이 지구의 주위를 돌고 있다는 천동설을 주장했다. 이에 따르면 해가 동쪽에서 떠서 서쪽으로 진다고 하는 말을 옳은 진술로 생각할 수 있다. 그러나 16세기의 폴란드 천문학자 코페르니쿠스(Copernicus, 1473~1543)는 그리스의 기계론적 사상을 받아들이고 육안으로 천체를 관측하여 얻은 결과에 의거하여 태양이 우주의 중심이며 지구를 포함한 모든 행성이 태양의 주위를 돌고 있다는 지동설을 주장했다. 그의 주장은 오늘날의 천문학자들이 가지고 있는 태양계에 관한 지식의 기틀을 이룬다. 이런 현대의 지구관에 따르면 해가 동쪽에서 떠서 서쪽으로 진다는 말보다는 지구가 서쪽에서 동쪽으로 태양을 향하여 자전한다는 말이 더 합당하다. 현대의 우주론자들은 이들의 업적을 바탕으로 지동설을 확립했을 뿐만 아니라 과학지식이란 항상 변한다는 사실도 입증했다. 그러나 지구가 태양을 향해 서쪽에서 동쪽으로 자전하면서 그 주위를 공전한다는 말도 엄밀한 의미에서는, 즉 현대의 우주론이 함축하고 있는 의미에 따르면, 결코 타당하지 않다. 우리의 태양계가 속해 있는 은하계가 어떤 점에 대해서 운동하고 있으며, 그 은하계가 또 다른 어떤 점에 대해서 운동하고 있기 때문이다.

현대 인식론자들의 주장에 따르면 사람은 누구나 감정 상태에 따라서 '새가 운다' 또는 '새가 지저귄다'라고 표현하거나 '새가 노래한다'라고 말하며, 색안경의 색깔에 따라 세상을 누렇게 보거나 파랗게 보게 된다. 관찰자는 누구나 그가 가지고 있는 기대감, 선행지식, 사전경험 등을 통해서 보고, 듣고, 느끼며, 지각하기 때문이다. 이런 입장에서 본다면 동일한 자연현상이 관찰자에 따라 서로 다른 의미로 이해되며, 그럼으로써 그 의

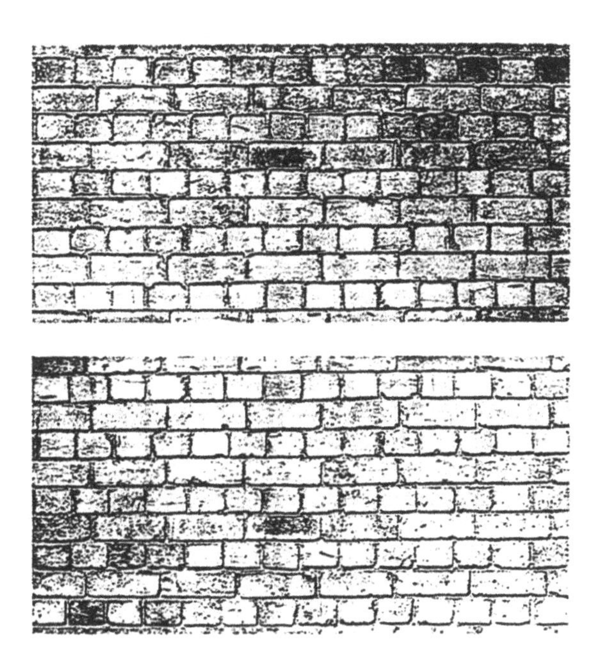

그림 1-3 | 한 물체가 다르게 보이는 사진

미가 전혀 다른 내용으로 진술될 수 있다. 즉 우리가 관찰·수집한 과학적 사실들을 바탕으로 이루어진 과학지식은 누구에게나 보편적인 것이 아니라 개인에 독특한 형태와 내용으로 구조화된다.

한편 관찰자들이 동일한 자연현상을 서로 다른 의미의 과학적 사실로 기술하게 되는 이유는 그가 현재 가지고 있는 선행지식과 사전경험, 그리고 〈그림 1-3〉을 보고 해석하는 것과 같이, 그에 바탕을 둔 일반적인 상식을 통해서 그것을 보고 해석하며 이해하기 때문이다. 〈그림 1-3〉은 벽돌을 쌓아 올려 만든 벽을 찍은 사진으로 상식적인 지식을 통해서 사물을 보기 때문에 그 속성을 관찰자에 따라 다른 의미로 해석할 수 있는 가능성을 잘 보여준다. 〈그림 1-3〉에서 위의 사진은 벽돌 사이를 채운 시멘트가 벽돌보다 더 앞으로 튀어나왔지만 아래의 사진은 벽돌이 시멘트보다 더 돌출되어 있음을 보여준다. 그러나 위의 사진과 아래의 사진은 같은 것이다. 아래의 것은 위의 것을 거꾸로 놓은 것에 불과하다. 이와 같이 동일한 현상을 다르게 해석하는 것은 태양이 항상 머리 위에 있어서 태양에 의한 그림자는 언제나 물체의 아래로 생긴다는 경험과 상식을 통해서 보기 때문이다.

〈그림 1-3〉에서와 같이 인간은 스스로 경험한 것과 그것을 바탕으로 이루어진 과학지식을 통해서 자연의 사물과 현상을 보기 때문에 그것들의 특성을 파악하는 데 어려움을 느끼게 된다. 인간이 직접적인 경험을 통해서 획득한 과학지식은 그의 상식적 지식을 이루어 그가 과학적 현상을 잘못 인식하거나 올바로 이해하는 데 어려움을 가져다주는 원인이 되

기도 한다. 이는 인간이 관찰하거나 경험할 수 있는 영역과 범위가 한정되어 있기 때문에 어쩔 수 없이 직면할 수밖에 없는 현실이다. 옛날의 자연철학자들은 현미경이 없어서 질병의 원인을 병원균설보다는 마귀나 신체적 불균형에 따라 설명할 수밖에 없었으며, 한정된 생활 영역 때문에 지구가 둥글며 지구의 반대편에도 사람이 살 수 있다는 사실을 인식하기 어려웠다. 이는 결국 우리가 가지고 있는 과학지식이 절대적 진리가 아니라 그 참가치가 시대적·사회적 상황에 따라 언제라도 바뀔 수 있는 잠정적 속성이라는 것을 반증한다.

4. 과학적 방법

오늘날 과학은 어느 학문 분야보다도 합리적이고 객관적인 분야로 인식되는 경향이 있는데, 이는 과학적 방법이 지니는 여러 가지 특성 중에서도 논리적인 속성과 수학적인 특성을 특별히 강조한 데서 비롯된다. 특히 과학이 합리적인 학문이라고 보는 견해는 과학적 방법이 논리적 추리 과정이나 수학적 원리에 따라 과학적 진리를 추구하는 절차와 그 방법이라는 가정을 전제로 한다. 이 중에서도 과학적 방법이 지니는 논리적 특성은 과학적 방법이 베이컨(Bacon, 1561~1626)의 귀납법, 데카르트(Descartes, 1596~1650)와 뉴턴의 수학—연역적 방법, 갈릴레오의 정량적 실험법, 실증주의의 확증법 및 입증법, 그리고 실증주의와 포퍼(Popper)의 가설—연역적 방법 등 주로 논리적 추론 과정으로 이루어진 과학적 방법을 거쳐서 발달해 왔음이 과학사에 잘 나타나 있다.

귀납법은 원래 구체적이고 특수한 사실들로부터 포괄적인 일반화를 이끌어 내는 논리적인 추론의 한 형태이나 영국의 베이컨에 의해서 과학적 방법으로 주창되었다. 과학적 방법으로서의 귀납법이 과학적 탐구의 현장에서는 자연에서 일어나는 여러 가지 현상으로부터 자연의 규칙성을 발견하고 그에 대한 과학적 법칙을 이끌어 내는 데 주된 목적이 있는 서술적 분야에서 주로 적용된다. 과학의 한 실례를 들면 귀납법은 다음과 같은 형식과 절차에 따라 이루어진다.

구리철사에 열을 가하면 늘어난다
백금선에 열을 가하면 늘어난다
금반지에 열을 가하면 그 반지름이 커진다
……………
……………
……………
―――――――――――――――
∴ 금속에 열을 가하면 늘어난다

이와 같은 귀납법과 달리, 연역법은 보편적인 원리로부터 특수한 명제를 이끌어 내는 논리적 추론의 한 형식이다. 연역법이 과학적 탐구의 실제 현장에서는 포괄적인 과학적 법칙이나 이론으로부터 세부적이고 단편적인 과학적 사실을 예측하는 과정에서 주로 적용된다. 아래의 예가 보여주듯이, 과학적 방법으로서의 연역적 추론 과정을 통해서는 대전제인 보편명제의 타당성을 가정하고 그런 포괄적이고 일반적인 명제와 소전제로부터 보다 구체적인 결론이 도출된다.

생물은 반드시 죽는다
소는 생물이다
―――――――――――
∴ 소는 언젠가는 죽는다

연역적 논증이 보편명제인 대전제의 타당성과 절대적 참가치를 가정하고 시작함에 비해, 가설—연역적 방법은 대전제의 진위를 의심하는 데서 출발한다. 그러므로 가설—연역적 방법은 그 형식과 절차가 연역적 방법의 그것들과 다르다. 가설—연역적 방법은 관찰을 통해서 그 진위를 확인할 수 있는 가설을 설정하고, 초기조건을 설정하며, 가설과 초기조건으로부터 관찰이 가능한 사실을 연역한 다음, 그 명제를 검증하는 단계로 이루어진다. 가설—연역적 방법의 적용 절차를 예시하면 다음과 같다.

구리는 전기가 잘 통한다
이 구리 전선은 전기 회로에 적절하게 연결되어 있다
이 전선에는 전기가 흐를 것이다
―――――――――――
∴ 이 전선에는 전기가 흐르고 있다

과학자들은 마지막 단계의 실험 결과, 즉 결론에 비추어 맨 처음에는 의심스러웠던 진술 '구리는 전기가 잘 통한다'라는 가설이 진리로 판명된 것으로 본다. 과학적 이론은 본질적으로 추상적인 속성이기 때문에 이와 같은 방법을 통해서 간접적으로 검증된다. 그러므로 귀납법이 주로 과학의 경험적이고 서술적인 분야에서 적용되는 것과는 대조적으로 가설—연역적 방법은 대체로 이성적이고 이론적인 분야에서 적용된다. 이론적 분야에서는 대개 가설의 설정이 필요하고 실제로 그런 단계를 거쳐서 발달하지만, 과학 개념으로 이루어진 서술적 분야에서는 가설의 설정이 사실상 필요 없기 때문이다.

과학사를 조사해 보면 과학이 수학과 긴밀한 관계를 가짐으로써 획기적으로 발달할 수 있었다는 것을 알 수 있는데, 이는 과학이 합리적인 학문임을 간접적으로 입증한다. 고대의 그리스 시대에 융성했던 과학이 근대의 과학 또는 현대의 과학으로 직접 발달할 수 없었는데, 그 이유 중의 하나도 과학과 수학 사이에 밀접한 관계가 있음을 반증한다. 아르키메데스가 정역학을 탐구하는 데 수학적 접근법을 적용한 흔적을 보여주고는 있으나(그림 1-4), 그리스 시대에는 수학이 과학의 발달에 결정적인 영향을 미칠 수 있을 만큼 발달하지 못했다. 더군다나 당시의 과학이 기본적으로는 수학과 긴밀한 관계를 맺지도 못했다. 과학은 데카르트를 비롯한 과학 혁명기 이후의 자연철학자들에 의해 과거의 어느 때보다도 획기적으로 발달할 수 있었는데, 이러한 과학사적 사실도 과학과 수학이 밀접한 관계를 맺고 있음을 반증한다. 갈릴레오는 수학을 이용한 정량적 방법을

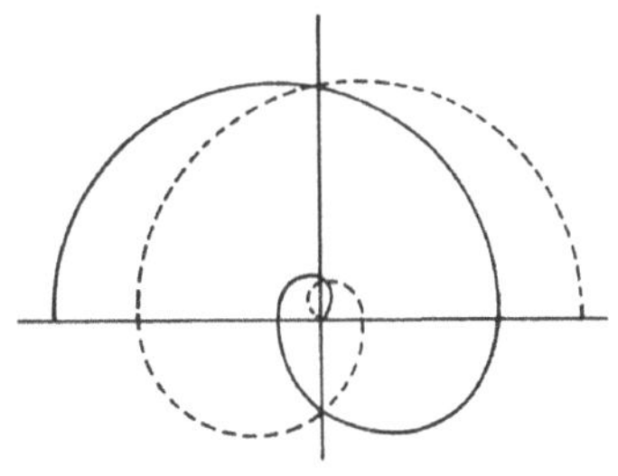

아르키메데스의 나사선

아르키메데스의 나선 양수기

그림 1-4 | 아르키메데스가 정역학 원리를 발견한 동기와 그 응용

통해 지상의 역학을 발달시킬 수 있었고, 케플러도 수학을 이용하여 천체 역학을 발전시켰으며, 뉴턴은 미적분법을 발견하고 그것을 이용하여 지상과 천체가 동일한 역학 법칙을 따른다는 것을 보여 줄 수 있었다. 한편 과학이 수학과 밀접한 관계를 맺고 있다는 말은 과학이 객관적인 방법과 과정에 따라 탐구될 수 있으며, 따라서 합리적인 특성을 지니게 된다는 것을 보여 준다.

그러나 현대의 방법론자들은 과학적 방법이 반드시 객관적이고 합리적인 속성만을 지니고 있는 것으로는 보지 않는다. 그들에 의하면 과학적 방법은 과학적 탐구 및 과학적 연구의 한 가지 방법과 과정으로서 논리적·수학적 특성만이 아니라 심리학적·사회학적 특성도 지닌다고 한다. 과학적 방법은 절대적이고 보편적인 특성만이 아니라 과학자에 대해 상대적이고 주관적이며 그가 처해 있는 상황에 특수한 속성도 지닌다는 견해다. 현재는 패러다임의 대체법과 연구 프로그램의 변화법도 과학적 방법으로 제시되고 있으며, 과학에는 어느 분야에서나 보편타당한 과학적 방법이라는 것이 도대체 존재할 수도 없다는 주장까지 대두되고 있는데, 이 주장들도 과학이 반드시 합리적인 속성만을 지닐 수 없다는 사실에 그 근거를 두고 있다.

과학사는 비단 과학지식만이 아니라 과학적 방법도 인식론적·실체론적 관점, 시대적 상황, 문화적 가치관, 과학과 기술의 발달 등에 따라 계속 변화·발달되어 왔음을 보여준다. 한편 과학적 방법이 여건과 상황에 따라 계속 변화되고 발달해 왔다는 사실은 그것이 일반적으로 인식되고 있

범주	기능 및 기술
문제의 인식 및 형성	관련 현상 및 사건을 확인한다 탐구할 문제를 선정한다 실질적인 탐구가 가능한 용어로 문제를 진술한다
가설의 설정	탐구할 문제의 구성요소를 확인한다 실험과 관찰을 통해 검증할 수 있는 가설을 설정한다 가설을 조작적 용어로 진술한다
탐구 계획	가설을 검증할 계획을 수립한다 관찰·측정할 계획을 세운다 실험 절차와 과정을 설계한다 • 종속변수와 독립변수를 확인한다 • 독립변수를 통제할 계획을 세운다 • 실험의 방법과 단계를 정한다
탐구 수행	관찰·측정·실험을 실시한다 여러 가지 도구를 적절하게 다룬다 질적·양적 자료를 수집하고 정확히 기록한다
자료의 분석과 해석	표, 그래프, 그림으로 자료를 제시한다 자료를 문제 및 가설과 관련시킨다 자료의 의미를 해석한다 결론을 도출한다 일반화를 형성한다 모형을 제시한다
통합 및 응용	발견된 것을 해석한다 결과에 비추어 새로운 문제를 확인한다 결과를 바탕으로 새로운 가설을 설정한다 결과로 얻은 지식을 새로운 상황에 적용한다 탐구를 계속할 문제와 방법을 제시한다

표 1-1 | 과학적 탐구 기능 및 기술의 범주와 종류

는 만큼의 보편성을 지니고 있지 않다는 사실을 반증하기도 한다. 과학적 방법은 탐구하거나 연구하는 과학의 분야와 주제에 따라 그 적용 효과 및 효율성이 다르게 나타나는데, 그 원인은 과학적 방법을 선택하여 적용하는 과정에서 분야별 또는 주제별로 독특한 탐구의 기능과 기술이 요구된다는 데 있다. 한 가지의 과학적 방법을 적용함에 있어서도 여러 가지의 기능과 기술이 필요하며, 탐구의 내용과 주제별로 살펴볼 경우 그 종류는 더욱 다양해진다. 지금까지의 과학교육학계에서는 많은 종류의 과학적 탐구 기능과 기술이 확인되었으며 여러 가지의 기준에 따라 다양한 종류로 분류되고 있다. 과학적 탐구의 기능과 기술이 탐구의 방법 및 과정에 따라 분류되기도 하며 정신적인 사고 기능과 수공적인 조작적 기술로 나누어지기도 한다. 지금까지의 과학계와 과학교육학계에서 논의되고 있는 과학적 탐구의 기능 및 기술의 종류를 범주화하면 〈표 1-1〉과 같다.

〈표 1-1〉에는 본질적으로 정신적인 특성을 지닌 사고 기능과 더불어 주로 손을 사용하는 손재주인 조작적 기술도 포함되어 있다. 이 표로부터 짐작할 수 있듯이 어떤 과학적 탐구의 기능과 기술은 한 분야에서 습득한 것일지라도 다른 분야에서도 효과적으로 적용될 수 있으나, 어떤 것들은 각 분야에서만 특수한 효용성을 지닌다. 이를 근거로 일부의 과학교육학자들은 정신적인 사고 기능은 비교적 여러 분야에 보편적인 특성을 지니지만, 조작적·수공적 기술은 각 분야에 특수성을 가진다고 주장한다. 이 주장은 모든 정신적 탐구 기능이 여러 분야에서 보편적으로 적용될 수 있는 것은 아니며, 조작적인 기능 중에서도 여러 분야에 보편적인 것도 있

다는 표현이다.

그러나 과학적 탐구의 기능과 기술이 적용되는 실제의 상황을 분석해 보면 정신적 사고 기능보다는 관찰·측정 기술과 같은 조작적 기술이 탐구의 내용과 주제에 더 독특한 특성을 나타내고 있다는 것을 알 수 있다. 〈표 1-2〉에는 분야별 관찰과 실험에 중요한 기술의 종류가 나열되어 있다.

분야	관찰·실험 기술		
일반과학	저울 사용	온도측정	길이·면적·부피·질량 측정
생물	생물 해부 조직 절편 맥박 측정 살균 및 멸균	생물 그리기 현미경 사용 생물체 사육 발아	현미경 사용 프레파라트 제작 박테리아 수 세기 크로마토그래피 사용
화학	결정체 생장 액체 붓기 분말 처리 화학물질 냄새 맡기	필터 사용 분석 저울 사용 뷰렛 사용	유리 가공 비커에 물 끓이기 부식성 액체 처리 여러 농도 액체 만들기
물리	납땜 시간 측정	전기회로 연결 거울 사용	전자 측정기 사용 사이펀 설치
지구과학	지도 읽기 풍력계 사용 토양 분석	지형도 제작 암석 분류 화석 분류	측면도 제작 브런턴 컴퍼스 사용 기압계 사용

표 1-2 | 분야별 관찰·실험 기술

〈표 1-2〉에 나타나 있듯이 무게·길이·부피 등을 측정할 수 있는 기능은 어느 분야에서나 습득할 수 있고 여러 분야에서 공통적으로 이용할 수 있다. 그러나 현미경 사용법은 생물학을 탐구하는 과정에서 습득되어야 하며 실제로 생물학적 탐구와 연구에서 주로 필요한 기능이다. 이에 비하여 전류·전압·저항의 측정은 대개 물리학에서 사용하는 기술로서 물리학에서 습득되어야 효과적으로 적용할 수 있다. 또한 결정체를 생장하는 기술은 화학에서, 브런턴 컴퍼스를 사용하는 기술은 지구과학에서 길러지고 각각의 교과에서 적용된다.

이상에서는 과학적 방법과 과학적 탐구의 기능 및 기술이 나타내는 특성에 관하여 살펴보았다. 또한 과학적 탐구의 기능과 기술이 탐구의 내용과 주제에 특수한 속성을 지닌다는 것도 알아보았다. 이상의 논의에 비추어 과학적 연구나 탐구에 필수적인 기능과 기술은 어떤 보편적인 방법이나 절차에 의해서가 아니라 각 분야의 독특한 과정을 통해서 효과적으로 습득될 수 있다는 것을 알 수 있다. 한편 과학적 사고와 기능에는 논리적 추론 능력 및 수학적 사고력이 필수적이다. 그러나 논리적 추론과 수학적 사고 자체가 과학적 사고는 아니다. 내용을 벗어난 형식적 사고는 과학적 사고가 아니라 논리적 사고나 수학적 사고이기 때문이다. 과학적 사고는 구체적인 과학지식을 바탕으로 한 사고다. 그러므로 과학적 탐구의 기능과 기술이 탐구의 주제에 따라 효과가 다르게 나타나는 것은 당연하다.

5. 과학자의 역할과 기능

과학자의 존재와 역할이 사회적으로 인정받게 된 것은 160여 년밖에 안 된다. 과학자라는 용어는 1833년 영국 케임브리지의 휴웰(Whewell)에 의해 처음으로 사용되기 시작했으며 그전에는 과학이 자연철학 혹은 철학으로 불리었듯이 과학자도 자연철학자 또는 철학자로 일컬어졌다. 현대적인 의미의 과학자는 근대의 과학이 자연철학으로부터 유리되어 독자적인 학문으로 확립된 다음 전문적 영역으로 분화되고 고도화되면서 과학을 전문적·직업적으로 추구하는 사람으로 일컬어지게 되었다. 이와 더불어 오늘날에는 과학자가 고도의 지적 전문가로 간주되기도 한다.

현대의 과학과 사회에서 과학자의 역할과 기능은 무엇인가? 오늘날 과학자는 대체로 두 가지의 대립적인 측면에서 인식되고 있다. 한편으로는 머리가 빼어나고 사리사욕이 없으며 어느 직업인보다도 도덕적으로나 윤리적으로 정직한 인격자로 인식되는 경향이다. 이러한 인식은 과학이 인류에 미친 영향과 그런 과정을 서술한 과학사에 근거를 두며, 과학자에 대한 긍정적인 기대감으로 볼 수 있다. 다른 한편으로는 옹졸하고 꾀죄죄하며 세상 물정에 어두운 어눌한 생활인으로 보이기도 한다. 이는 과학자들이 전공 분야에만 심혈을 기울임으로써 가질 수밖에 없는 품성과 사고방식에 의해 나타나는 부정적인 면이다.

그런데 이와 같은 과학자에 대한 인식이 현대와 같은 산업정보 사회에서도 걸맞은 것인가? 과학자의 역할과 기능은 과학의 본성에 대한 관점이나 과학과 과학적 기술이 발달한 수준에 따라 다르게 요구된다. 과학과 기술이 독립적인 전통을 이어오면서 상호보완적인 관계를 맺지 못했던 17세기까지는 과학이 인간의 생활에 응용되는 방법이나 그 실용성보다는 자연에 대한 순수한 호기심의 발로로 이루어졌다. 이런 상황에서는 과학자가 순수한 호기심으로 자연을 탐구함으로써 그의 업적에 따라서는 명성을 얻었을지언정 그에 수반되는 부정적인 결과에 대해서는 아무런 책임도 질 필요가 없었다. 그러나 오늘날에는 과학자들이 순수한 호기심만으로 과학적 연구를 수행할 수 없고 그럴 수 있는 분야도 거의 없다. 대부분의 분야가 국가의 정책적 목표나 사회의 요구에 따라 이루어지고 있다. 또한 대다수의 연구 주제가 국가적·사회적 지원이 없이는 그 수행이 대단히 어려울 만큼 거대하다. 따라서 현대의 과학자들은 여러 연구·개발기관이나 단체로부터 행정적·재정적 지원을 받아 연구를 수행할 수밖에 없으며, 그 결과에 따라서 보상을 받거나 응분의 책임을 지게 된다.

20세기 이전까지는 과학자들이 인류의 생존을 위태롭게 할 만큼 위협적인 문제를 일으키지는 않았다. 과학자들이 주로 지적 만족감을 충족시키는 데 목적을 두고 과학적 탐구를 수행했기 때문이다. 그러나 오늘날에는 많은 부분의 과학적 성과가 사회에 즉시 응용되며, 경우에 따라서는 인간을 포함한 모든 생물체에 심각한 문제를 야기하기도 한다. 이는 과학자들이 과거처럼 자신들의 관심이나 호기심에 따라 자연을 탐구하고 그 결과로 지적 만족감을 성취하기보다는 국가 및 사회의 요구에 따라 연구를 수행하기 때문이다. 즉 현대의 대다수 과학자들이 우주의 기원, 생물의 진화 등 인간 생활과 직접적인 관련이 없는 분야보다는 질병, 에너지, 식량 등 인간의 생존과 직결된 문제에 더 관심을 두기 때문이다. 더욱이 현대의 대다수 국가들은 경제 발전을 구실로 과학자들로 하여금 자연을 훼손할 수밖에 없는 분야의 과학기술을 개발하도록 강력하게 요구하고 있다. 특히 선진 강대국들은 각종 무기 개발에도 많은 재정적 투자를 함으로써 과학자들을 국가의 통제권 안에 두고 그들에게 국가에 대한 의무와 책임을 동시에 부과하고 있다.

6. 과학과 기술 및 사회

전통적으로는 기초과학과 응용과학은 물론이고 이것들과 과학적 기술이 뚜렷이 구분되는 경향이었다. 기초과학은 과학자들의 순수한 호기심에 따라 연구 그 자체를 위하여 탐구하거나 진리의 추구 그 자체를 위하여 연구가 수행되는 분야로서 새로운 과학지식 체계를 확립하여 자연에 대한 이해의 증진을 도모하는 데 근본적인 목적을 둔다. 이 분야의 과학자들은 스스로의 지적 호기심을 만족시키는 데에만 관심을 가질 뿐 어떤 실용성이나 응용 가능성에 대해서는 개의치 않는다.

응용과학은 기초과학 지식을 여러 분야에 응용하는 데 주된 목적을 둔다. 그런데 과학지식의 응용 가능성은 절대적인 것이 아니라 관련 분야에 상대적인 특성을 지닌다. 물리학과 화학은 생물학과 지구과학의 기초과학이며, 물리학과 화학의 기초과학은 양자역학, 소립자론, 원소설 등이다. 그러나 일반적으로 응용과학은 산업에 직접 응용될 수 있는 과학의 분야를 말한다. 이런 의미에서 공학이 그 한 예를 보여주듯이, 응용과학은 기초과학과 과학적 기술의 지식을 실제적인 문제를 해결하는 데 적용하는 과학의 한 분야를 일컫는다.

한편 과학적 기술은 기초과학과 응용과학의 지식을 적용하여 지금까지는 없었거나 전통적인 것에 비해 새롭고 혁신적인 물질, 도구, 과정, 체제, 서비스 등을 만들어 내는 분야로서 그 기능 및 기법과 수단을 포함한다. 과학적 기술은 생산을 위한 수단과 방법에 관한 객관적인 지식체계를 뜻하기도 한다. 이런 의미에서 과학적 기술은 앞에서 말한 기초과학 및 응용과학과는 다른 과정을 통해서 발달했다고 말할 수 있다. 과학이 자연에 대한 호기심으로부터 이루어졌다면, 과학적 기술은 자연을 이용하고 통제하는 과정을 통해서 이루어졌다고 하겠다.

이상에서는 기초과학과 응용과학, 그리고 과학적 기술의 특성을 별개로 나누어 논의했지만, 실제로 이 영역들 사이에는 상호보완적인 관계가 있다. 어떤 면에서는 기초과학이 발달함으로써 응용과학의 범위가 넓어지고 신기술이 생겨나게 된다. 또한 기술이 진보함에 따라 과학지식을 응용하기 위한 새로운 기술과 그와 관련된 문제를 해결하기 위한 새로운 관점이 형성된다. 식물의 잡종교배는 순수한 기초과학의 영역이었으며, 잡종교배 실험을 통해 얻은 지식을 응용하여 질병에 강한 식물을 만들어 내는 것은 응용과학의 범주에 속한다. 한편 과학적 기술은 기초과학과 응용

과학의 지식을 적용하여 새로운 물질, 도구, 기계 등을 만드는 기술로서 유전공학이 이에 포함된다.

기초과학은 그 연구의 목적에 따라 다시 순수 기초과학과 목적 기초과학으로 나누어지기도 한다. 순수 기초과학은 과학자들의 순수한 호기심에 따라 그 탐구가 수행되는 분야를 말하며, 목적 기초과학은 주로 국가 및 사회가 요구하는 주제나 과학자를 고용한 연구·개발 체제가 관심을 가지는 문제에 관한 연구가 이루어지는 기초과학 분야를 의미한다. 기초과학과 응용과학, 그리고 과학적 기술 사이의 차이 및 관계를 보다 구체적으로 나타내면 〈그림 1-5〉와 같다. 〈그림 1-5〉는 순수 기초과학은 모든 과학과 과학적 기술의 기본 바탕이 됨을 보여준다.

현재는 과학적 연구의 과제가 커지고 공동연구가 필요해짐으로써 과학자들이 순전히 개인적이고 순수과학적인 연구를 수행하기가 사실상 어렵게 되었다. 한편 현대는 과학자들이 개별적인 연구를 수행할 수 없는 시대라고 하는 말은 과학이 사회를 떠나서는 발달할 수 없다는 의미다. 현재는 과학과 과학적 기술이 과학기술이라는 하나의 통합적인 의미로 지칭될 수 있을 만큼 밀접한 관계를 맺고 있는데, 이 말은 과학적 기술도 사회를 떠나서는 개발될 수 없다는 것을 시사한다. 실제로 현대 사회에서는 어떠한 과학기술도 사회와 독립적으로 발전할 수 없는 상황이다.

흔히 과학은 연구되고 과학적 기술은 개발된다고 말한다. 그러므로 과학과 과학적 기술이 과학기술로 통칭될 만큼 밀접한 관계가 있다고 하는 말은 과학의 연구와 과학적 기술의 개발 사이에도 긴밀한 관계가 있다는

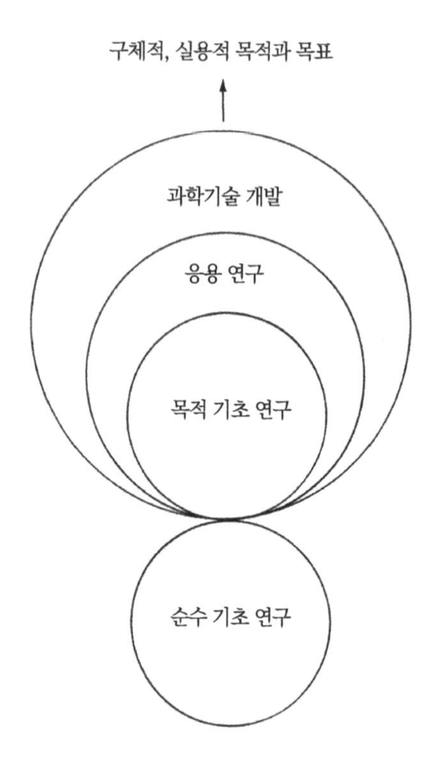

그림 1-5 | 순수과학 및 응용과학과 과학적 기술의 관계

것을 뜻한다. 따라서 오늘날에는 과학 연구와 과학적 기술의 개발을 구분하기보다는 그것들을 총칭하여 연구개발(R&D)이라고 한다. 그런데 현대에는 이런 의미의 연구와 개발의 과제가 거대한 것이 대부분으로 국가나 사회로부터의 재정적인 지원이 없이는 거의 이루어질 수 없다. 많은 연구가 국가 산하의 연구·개발 기관이나 산업계의 연구·개발 체제에서 이루어지며, 이러한 연구·개발 기관이나 체제를 지원하기 위한 별도의 기관과

체제가 구성된 이유도 바로 여기에 있다. 특히 고도로 발달된 산업기술 사회에서는, 〈그림 1-6〉과 같이 연구·개발 체제가 과학기술계 단독으로 이루어질 수 없으며 반드시 정치·경제·사회·문화의 복합체 형식으로 구성될 수밖에 없다.

현대 사회에서는 과학과 과학적 기술의 영향이 미치지 않는 분야를 찾아보기 어렵다. 또한 과학지식은 사회·문화적인 배경에 따라 그 참가치와 실용성이 달라지고 있으며, 과학적 기술이 개발되어 가는 방향도 사회적 이념과 문화적 가치관에 따라 결정되는 추세에 있다. 더욱이 자연 및

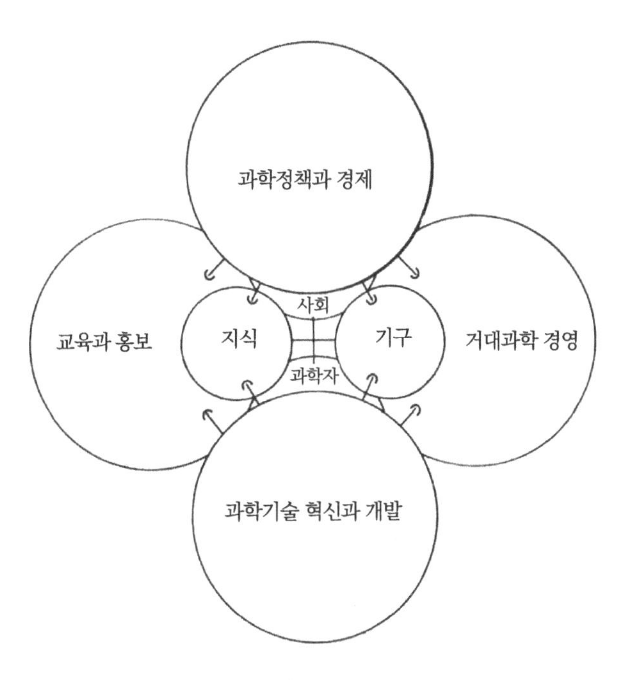

그림 1-6 | 연구개발 체제

과학에 대한 이해도 사회·문화적인 맥락에서 의미가 부여되는 경향이 있다. 현대의 과학자와 과학철학자들, 그리고 과학에 관심을 둔 사회학자들은 이런 경향이 대두되는 데는 과학이 사회적 특성을 지니고 있기 때문이라고 보고, 과학이 지니는 사회적 특성을 내적 사회성과 외적 사회성으로 구분한다. 과학의 내적 사회성은 과학이 과학적 기술을 통해 일상생활과 사회에 적용되는 과정에서 주로 나타나며, 외적 사회성은 사회가 과학적 기술 개발의 방향을 주도함으로써 과학의 발달에 영향을 미치는 과정에서 잘 드러난다. 따라서 〈그림 1-7〉에 나타나 있듯이, 과학적 기술은 과학

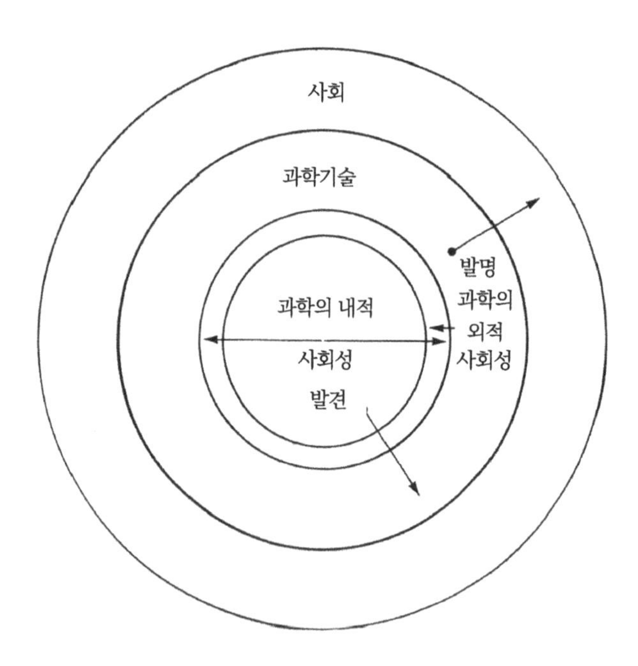

그림 1-7 | 과학 및 과학적 기술과 사회의 관계

과 사회를 연결해 주는 다리의 역할을 한다고 볼 수 있다.

현재 과학이 어느 분야보다도 체계적인 학문으로 확립되어 있으며 과학적 기술은 과거 어느 때보다도 고도로 발달되어 있기는 하지만, 과학과 과학적 기술은 인류의 생존 자체를 위협하는 문제들도 야기하고 있다. 환경오염, 생태계 파괴, 자원 고갈 등과 같이 인류의 생존을 위협하는 문제는 과학을 순수한 학문적인 측면에서만 발달시키고 과학적 기술을 실용적인 차원에서 발달시킨 결과로서 현대의 과학과 과학적 기술로는 해결하기 어려운 것들이다. 16~17세기에 생겨났던 식량 부족, 질병 만연, 전쟁 등과 같은 인류의 생존에 심각한 영향을 끼친 문제가 새로운 세계관의 대두와 과학적 방법의 개발로 해결되었으며 그 결과 과학이 새로운 차원으로 발달할 수 있는 계기가 마련되었듯이, 오늘날의 문제도 과학 및 과학적 기술에 대한 새로운 관점과 획기적인 과학적 방법의 개발에 의해서만 해결될 수 있을 것으로 가늠해 볼 수 있다. 이 시점에서 가장 확실한 해결책은 과학과 과학적 기술을 학문적·실용적 관점에서 발전시키고 개발하기보다는 인간의 생존을 위해 발달시키는 데 있다. 이런 문제는 과학과 과학적 기술을 각각 학문과 기술로만 취급할 것이 아니라 그것을 생활화하고 효율적으로 이용하는 과정과 상황에서 더 효과적으로 해결할 수 있을 것으로 생각된다.

2장

잘못 알기 쉬운 물리 개념

학생들은 다른 어떤 과학 분야의 개념보다도 물리 개념을 배우고 이해하는 데 가장 큰 어려움을 겪는다. 물리 개념이 다른 분야의 개념보다 더 추상적이고 이론적인 속성을 지니고 있기 때문이다. 이 장에서는 물리학의 발달 과정을 알아본 다음, 특히 중고등학생들이 학교에서 물리 수업을 통해 이미 배웠지만 이해하기 어려워하거나 잘못 알고 있는 물리 개념의 본성과 그 이유에 관하여 살펴본다.

1. 물리학의 특성과 발달

일반적으로 물리학은 거시적이고 미시적인 자연의 현상과 에너지의 특성을 관찰과 실험을 통해 밝혀내고, 그 작용과 변화를 지배하는 기본

법칙을 논리학적·수학적 형식으로 서술하는 자연과학의 한 분야를 일컫는다. 구체적으로 말하면 그것은 물질의 극미의 구조와 그 구성요소 사이의 상호작용, 물질의 물리적 성질, 물체의 운동, 열, 소리, 빛, 전기, 에너지 등의 현상과 구조 등을 규명하고 궁극적으로는 그 속성들 사이의 관계와 법칙을 탐구하는 학문으로 인식되고 있다. 이처럼 물리학은 자연현상과 물질의 특성 및 에너지를 다루는 자연과학의 한 분야이지만 그것이 취급하는 구체적인 대상은 시대에 따라 변화를 거듭했다.

아리스토텔레스 시대의 물리학은 역학적 개념이 주류를 이루었다. 아리스토텔레스는 운동을 자연 운동, 강제 운동, 자발적 운동 등 세 가지 형태로 나누었다. 여기서 자연 운동은 중력 때문에 물체가 땅으로 떨어지거나 가볍기 때문에 연기가 위로 올라가는 것과 같이 일상적으로 관찰되는 운동을 말한다. 강제 운동은 돌을 들어 올리거나 화살을 쏘는 것처럼 외부로부터 힘이 주어질 때 움직이거나 자연 운동에 간섭하여 일어나는 운동을 뜻한다. 한편 자발적 운동은 살아 있는 생물체가 보이는 움직임을 의미한다. 이 견해에 따라서 당시에는 강제 운동에는 언제나 힘이 필요하며, 강제된 속력은 주어진 힘에 비례한다는 생각을 가지게 되었다. 아리스토텔레스를 포함한 고대의 자연철학자들은 이러한 생각 때문에 진공이란 있을 수 없다는 관념을 가지게 되었으며, 그에 따라서 원자론들의 관념을 부정할 수밖에 없었다.

아리스토텔레스 시대 이후부터 중세까지의 자연철학자들은 우주론, 화학, 기상학, 생물학, 심리학 등 수학을 제외한 대부분의 서술적이고 정성적인 자연의 현상을 물리학의 대상으로 포함시켰다. 그러나 17~18세기에는 자연철학자들의 관심이 광학, 진공, 열, 그리고 전기와 자기 등에 쏠림으로써 물리학이 새로운 영역으로 발달할 수 있었다. 이 기간에는 데카르트와 뉴턴이 자연의 탐구에 수학적 접근법을 적용했고, 베이컨이 누구나 쉽게 적용할 수 있는 귀납법을 과학적 방법으로 제시했으며, 갈릴레오가 정량적 자료를 수집하여 그것을 수학적으로 표현할 수 있는 실험방법을 개발함으로써 물리학이 새로운 차원으로 발달할 수 있었다. 말하자면 아리스토텔레스 시대부터 지속되어 왔던 고전적 물리학이 보다 새로운 학문 분야로 재구성된 것도 바로 이 기간이었다. 이 기간의 물리학은 그 대상이 역학, 유체역학 및 정역학, 물과 공기, 그리고 불의 물리적 특성, 광학, 전기와 자기, 기상학 등 관찰과 증명이 용이한 영역으로 한정되기는 했지만 이들이 이루어낸 업적 덕분에 과거 어느 때보다도 가속적으로 발달할 수 있었다.

한편 19세기 중엽에 이르러서는 물리학의 탐구에 수학이 절실히 필요해졌으며, 그 결과 고급의 수학적 접근법을 주로 적용하는 이론물리학이 확립되었다. 이론물리학이 확립된 이후에는 기상학이 물리학으로부터 독립된 학문으로 떨어져 나갔으며, 물과 불, 그리고 공기의 성질도 화학에서 취급하게 되었다. 이 기간에는 당시까지 독립적으로 취급되었던 여러 영역이 물리학의 새로운 한 영역으로 통합되기도 했다. 이를테면 열, 전기, 빛 등이 개별적 속성이 아니라 상호 긴밀한 관계가 있는 성질임이 확인되었다. 20세기에는 방사선과 미시 세계에 대한 연구의 결과를 바탕으로 양자역학과 원자 및 핵물리학이 현대 물리학의 새로운 장으로 등장했다. 오늘날 물리학은 종종 이론물리학과 실험물리학으로 나누어지기도 하지만 이는 방법에 따른 분류이며, 그 대상에 따라서 소립자, 원자, 반도체, 역학 등과 같은 분과로 나누는 것이 더 자연스럽게 받아들여지고 있다.

오늘날 물리학은 여러 자연과학 분야 중에서도 가장 기초적이고 포괄적인 영역으로 인정되고 있다. 이는 물리학이 여러 과학에 바탕이 되는 지식을 제공함으로써 각 분야의 과학과 일부의 경계영역을 서로 공유한다는 데 근거한다. 물리학은 화학뿐 아니라 천문학, 지학, 생물학, 생리학은 물론이고 심지어는 심리학까지도 부분적으로나마 그 영역을 공유한다. 그러나 물리학이 다른 과학 분야와 일부의 영역을 공유한다는 것은 모든 자연현상을 물리학적 법칙과 이론으로 설명할 수 있다고 보는 환원론적 견해의 바탕이 되기도 한다. 또 한편으로는 물리학이 다른 분야의 과학과 마찬가지로 자연의 보편적 원리와 법칙을 추구함으로써 철학 및 그 사상과 밀접한 관련을 맺기도 한다. 물리학의 발달은 그에 바탕을 둔 자연관을 통해서 특히 과학철학의 발달에 영향을 미쳤고, 당대의 사상이 반영되어 있기도 하다.

2. 힘과 운동

힘과 운동은 우리나라 중학교 1학년 과학 교과서를 구성하는 네 단원의 하나로 취급하고 있을 만큼 물리 분야의 핵심적인 개념이다. 중학교 수준에서는 힘이 대체로 물체에 변형을 일으키게 하고, 정지하고 있는 물체를 움직이게 하거나 움직이고 있는 물체를 정지하게 하며, 운동하고 있는 물체의 진행 방향을 바꾸어 주는 것과 같이 물체의 운동 상태를 변하게 하는 원인으로 서술되어 있다. 한편 힘과 관련된 개념으로는 힘의 종류, 힘의 크기와 방향, 힘과 무게, 그리고 힘과 운동의 관계로 서술되는 속력과 속도, 가속도, 운동의 법칙 등이 제시되고 있다. 이러한 개념은 학생들이 일상적인 생활 과정에서 쉽게 부딪치는 것들로서 용어 그 자체로는 누구에게나 친숙하다. 그러나 학생들은 이러한 힘과 관련된 개념의 본질적 속성에 대해서는 잘못 알고 있는 경우가 드물지 않게 나타나고 있다. 그들이 흔히 오해하고 있는 힘의 개념과 그 특성을 요약하면 다음과 같다.

- 힘은 생물체만이 가지고 있다.
- 물체를 일정한 속도로 움직이기 위해서는 일정한 힘을 계속 가해 주어야 한다.
- 운동의 양은 힘의 양에 비례한다.
- 만약 물체가 움직이지 않는다면 그것에 작용하는 힘이 없다.

• 만일 어떤 물체가 움직이고 있다면, 일정한 크기의 힘이 그 물체의 운동 방향으로 작용하고 있기 때문이다.

이와 같은 생각은 학생들이 역학을 이해하는 데 기본적인 관점을 이루어 그들이 힘과 운동 개념을 학습할 때 저해 요인으로 작용하는 경우가 보통이다. 첫 번째 생각은 물활론적 견해로서 주로 나이가 어린 학생들이 많이 가지고 있는 관념이다. 대부분의 저학년 학생들은 무생물체도 생명력 혹은 생기력을 가지고 있어서 의지에 따라 스스로 움직일 수 있다고 본다. 이러한 직관적 관념은 아리스토텔레스가 가졌던 생각과도 비슷하다. 아리스토텔레스는 만물이 생명을 가지고 있으며 물, 불, 공기, 흙 등 네 가지의 궁극적 물질은 제자리로 돌아가려는 성질이 있다고 보았다.

두 번째 생각은 학생들이 일상적인 경험을 통해서 가지게 된 관념이다. 그들은 장난감 자동차를 일정한 속도로 움직이기 위해서 일정하게 힘을 가해준 경험을 가지고 있으며, 자전거를 타고 일정한 속도로 가기 위해서 페달을 규칙적으로 밟은 경험도 기억하고 있다. 이들의 생각은 아리스토텔레스의 역학적 관념 및 중세의 기동력설과도 비슷하다. 〈그림 2-1〉은 공중으로 쏘아 올린 대포가 낙하하는 궤적을 아리스토텔레스가 제시한 운동의 법칙에 따라 상상하여 그린 그림이다. 이 그림이 보여주는 바와 같이 아리스토텔레스의 생각에는 동력자가 접촉하고 있는 한 물체는 움직이며, 접촉이 끊어지는 즉시 정지한다는 의미가 함축되어 있다. 중세의 뷰리당(J. Buridan)도 기동력을 지속적인 운동을 일으키는 힘으로

그림 2-1 | 아리스토텔레스 운동 법칙에 따른 투사체의 궤적 상상도

정의하고, 물체가 가지는 기동력은 물체의 밀도와 부피, 그리고 초기 속도에 비례한다고 주장했다.

세 번째 생각은 어느 물체나 힘껏 밀수록 빨리 가는 것을 경험하고 그것을 바탕으로 형성한 직관적 관념의 한 표현이다. 이 생각에는 물체에 일정한 힘을 가하면 가속도가 붙는다는 생각이 전혀 고려되어 있지 않다. 이런 생각을 가진 학생들은 〈그림 2-2〉와 같은 문제를 쉽게 해결하지 못한다. 그들은 동전을 위로 던질 경우 손을 벗어난 순간의 힘이 가장 크며 던질 때 생긴 힘이 점점 줄어 C의 지점에서는 거의 없어져 정지하고 그다음부터는 떨어지기 시작한다고 본다. 그러나 물리학자들은 〈그림 2-2〉의

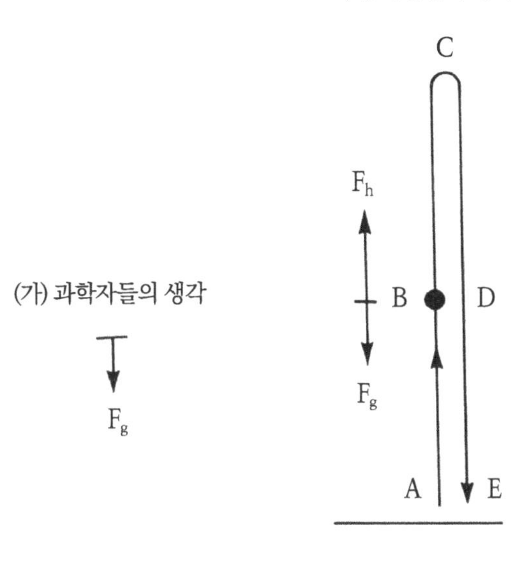

그림 2-2 | 힘의 크기를 묻는 문제

왼쪽 그림이 보여주듯이, 정지하고 있는 물체는 물론이고 움직이고 있는 물체도 중력에 의해 아래로 미치는 힘을 가지고 있다고 설명한다.

그러나 대다수의 학생은 네 번째의 관념이 보여주는 것처럼 움직이지 않는 물체에는 힘이 작용하지 않는다고 생각한다. 이런 직관적인 생각을 가진 학생들에게 책상 위에 놓인 책에 작용하는 힘의 방향을 물었을 때 그들 대부분은 책상 위에 놓은 책에는 중력만 작용한다고 대답한다. 그들은 또한 멀리 던져진 물체가 결국 땅에 떨어지는 이유는 그 물체를 던질 때 가해진 힘이 없어지기 때문이라고 대답하는 경우가 보통이다. 그들은 멀리 던져진 물체가 떨어지는 모양에 관해서도 〈그림 2-3〉과 같이 여러 가지 틀린 대답을 제시한다.

〈그림 2-3〉에서 물체가 A와 같이 떨어진다는 생각은 아리스토텔레스의 견해와도 합치된다. 이 생각은 11세기의 아비센나(Avicenna, 980~1037)도 가지고 있었을 만큼 과거의 인류에게는 일반적인 관념이었다. 한편 물체가 B와 같은 궤적에 따라 떨어진다는 생각은 14세기의 삭소

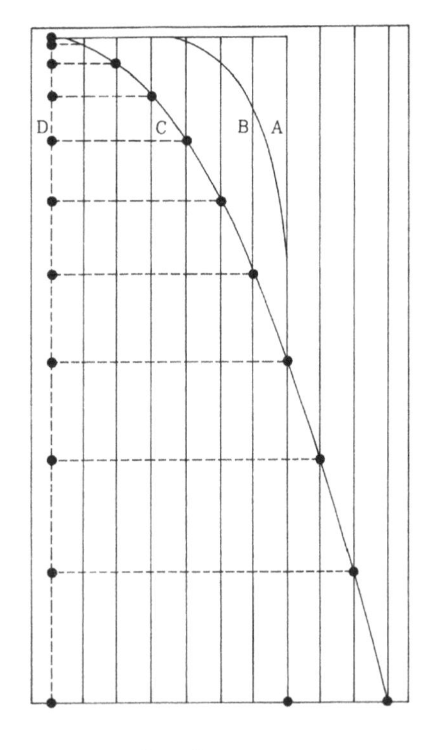

그림 2-3 | 물체의 낙하 궤적

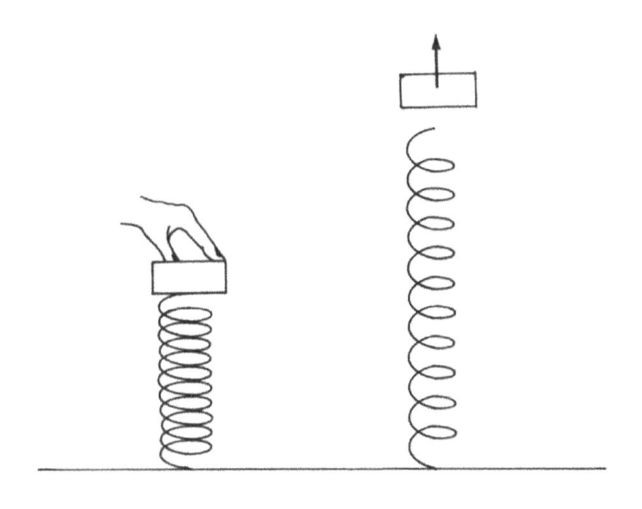

그림 2-4 | 운동과 힘의 방향에 관한 실험

니(Saxony)가 제시한 투사체의 삼차원설과 같으며 중세의 기동력설과도 일치한다. 이 생각은 갈릴레오가 C와 같은 투사체의 궤적을 확인할 때까지 투사체가 떨어지는 궤적을 해석하는 기본 관점을 이루었다.

다섯 번째의 생각은 물체가 움직이는 방향과 그 물체에 작용하는 힘의 방향이 일치한다고 보는 학생들이 가지고 있는 기본 관점이다. 이들은 물체가 운동하는 것은 그것에 힘이 계속 작용하기 때문이라고 생각하기도 한다. 〈그림 2-4〉는 용수철 위에 물체를 얹어 놓고 위에서 누른 다음 손을 뗄 경우 그 물체가 위로 튀어 오르는 실험을 보여주고 있다. 학생들에게 용수철 위에 놓인 물체에 작용하는 힘의 방향을 물을 경우 많은 학생이 힘이 화살표와 같이 위로 향한다고 대답한다. 이들은 힘의 방향이 반드시 직선일 필요는 없다고 주장하기도 한다. 그들은 구부러진 관을 통해 구르는 구슬에 미치는 힘의 방향은 그 관의 구부러진 방향과 일치한다고 본다. 그들은 대개의 경우 힘을 운동으로 보거나 이 두 개념을 혼동하기 때문에 이와 같은 대답을 하게 된다. 따라서 힘과 운동의 방향이 다른 문제가 주어질 경우 그들은 그 문제를 잘 해결하지 못한다.

이상에서는 힘과 운동 개념의 특성, 그리고 그것들의 과학사적 발달 과정에 관하여 살펴보았다. 학생들에게 힘과 운동에 관한 현상이 주어졌을 때 그들은 대개의 경우 일상적인 생활 경험으로부터 획득한 직관적 관념을 통해서 그 현상을 봄으로써 과학자들과는 다른 의미로 해석하게 된다. 그들은 힘과 운동에 관한 문제가 주어졌을 경우에도 그런 직관적 관념을 통해서 해결하려 하기 때문에 틀린 답을 구하는 경우가 보통이다. 이는 그들의 직관적 관념이 과학자들이 가지고 있는 과학적 지식에 비해 미분화되어 있을 뿐만 아니라 거의 틀리기 때문이다.

학생들이 직관적 관념을 가지고 있다는 말은 과학의 학습이 일방적인 주입으로 이루어져서는 안 된다는 것을 시사한다. 더욱이, 현대의 구성주의 심리학자들에 따르면, 학생들의 머리는 물을 담을 수 있는 빈 그릇이 아니며 정보가 주어지는 대로 저장할 수 있는 컴퓨터의 기억소자도 아니다. 학생들의 머리는 항상 어떤 정보로 채워져 있으며 새로운 정보가 주어질 경우 머릿속에 있는 기존의 정보와 주어지는 새로운 정보 사이의 상호작용을 통해 머릿속의 기존 정보체계가 변화된다. 새로 주어지는 정보의 의미를 기존의 정보를 통해서 해석함으로써 기존의 정보에 새로운 의미가 더해지고 그렇게 지식을 획득한다.

그러므로 주어지는 정보가 머릿속의 정보와 거의 같을 경우 새로운 의미가 구성되지 않으며, 당연히 새로운 지식도 획득되지 않는다. 새로운 지식은 기존의 지식과 어느 정도 모순되거나 기존의 지식으로는 쉽사리 이해되지 않는 정보가 주어졌을 때만 학습된다. 장난감 자동차를 일정한 속도로 움직이기 위해 일정한 힘을 계속 가해 준 경험을 가진 학생들에게 움직이고 있는 물체에 일정한 힘을 계속해서 가해 줄 경우 가속도가 붙는 현상이나 시뮬레이션을 보여줌으로써 그들은 인지적 갈등을 느끼게 되고 그 갈등을 해소함으로써 힘, 속도, 가속도 등의 개념을 이해하게 된다.

3. 전기와 자기

전기와 자기 또한 학생들이 그 성질을 잘못 이해하기 쉬운 물리 개념 가운데 하나다. 현재 많은 학생이 그 본성을 완전히 이해하지 못한 채 고등학교를 졸업하고 있는데, 이는 전기가 배우기 어려운 개념임을 암시한다. 그러나 전기는 우리나라의 중학교 2학년 과학 교과서에 포함되어 있을 정도로 과학에서 기본적인 개념이다. 또한 전기는 생활에 필수적인 수단으로서 그 성질을 이용하지 않는 일용품을 찾아볼 수 없을 만큼 보편적으로 이용되고 있기 때문에 학생들은 누구나 전기를 배우기 훨씬 전부터 그 용도와 특성에 비교적 친숙해 있다.

자석은 물론이고 헝겊으로 비빈 호박도 다른 물체들을 끌어당기는 힘을 가지고 있다는 사실은 고대부터 알려져 왔지만, 전기와 자기가 띠고 있는 세부적인 특성은 16세기의 길버트(Gilbert, 1544~1603)에 의해서 밝혀졌다. 길버트는 자기를 극성과 상호 작용성 및 선택성 등으로 특징짓고 전기를 마찰에 의해 생기는 인력으로 특징지어 자기와 전기의 성질을 분명하게 구분했다. 길버트는 작은 공 모양의 자석을 직접 만들고 그것을 이용하여 실시한 실험 결과를 통해 지구 자체가 하나의 커다란 자석이라는 사실도 알아냈다. 그렇지만 그가 밝힌 자기와 전기의 특성은 그 이후 200여 년 동안 물리학자들이 전기가 가지고 있는 척력과 전도성을 이해하는 데 저해요인으로 작용하기도 했다.

길버트가 구분했던 전기와 자기의 성질이 외르스테드(Oersted, 1777~1851)에 의해 동일한 역학 개념으로 통합되기 시작한 것은 19세기였다. 외르스테드는 벼락을 맞은 금속이 자기를 띠며 강철로 만든 철사에 전기를 통하면 자석이 되는 현상 등을 관찰하고 그 결과를 바탕으로 전기와 자기가 밀접한 관련이 있을 것이라는 가정을 제시했다. 1820년에는 〈그림 2-5〉와 같은 실험을 통해 전류가 나침반에 영향을 미치는 현상을 발견했다. 그는 전류가 흐르는 전선의 위나 아래에 나침반을 놓을 경우 자침이 가리키는 방향이 달라지며 위와 아래에서 반대로 움직인다는 것을 확인했다. 또한 앙페르(Ampère, 1775~1836)도 외르스테드의 가정이 타당한지를 검증하는 과정에서 전류가 흐르는 전선에 자기장이 형성되는 현상을 발견함으로써 외르스테드의 가정이 옳았음을 확인함과 동시에 전

그림 2-5 | 외르스테드의 전기 실험

기의 자기효과설을 완성했다. 그는 실험을 통해 전류가 진행하는 방향과 자기력선이 생기는 방향의 관계를 나타내는 앙페르 법칙도 발견했다.

한편 영국의 패러데이(Faraday, 1791~1867)는 앙페르가 발견한 것과는 정반대가 되는 현상을 발견했다. 그는 전선에 흐르는 전류가 자기효과를 낸다면 그 반대의 효과도 있을 것이라고 가정하고 직접 실험을 통해서 그 사실을 확인했다. 그는 〈그림 2-6〉과 같이 막대자석과 코일을 감은 솔레노이드를 이용하여 전류를 발생시킴으로써 발전기를 만드는 원리를 발견했다. 그는 결국 자기를 이용하여 전기를 만드는 전자유도 현상을 발견하

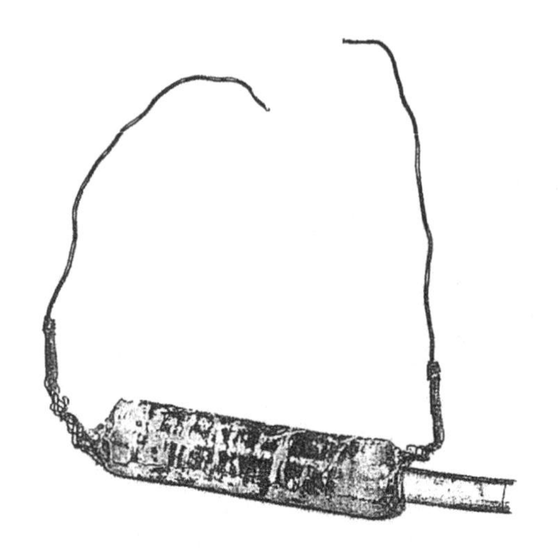

그림 2-6 | 패러데이의 전류 발생 실험 장치

여 자기와 전기가 같은 물리적 성질이라는 것을 다른 방식으로 또 한 번 확인했다. 오늘날에는 이들이 남긴 업적을 근거로 전기와 자기가 동일한 성질로 인정되고 있으며 전자기라는 하나의 용어로 통칭되고 있다.

현재 학생들이 전기에 대해서 얼마나 알고 있으며 어떻게 생각하고 있는지에 관한 연구가 전 세계적으로 활발히 진행되고 있다. 그런 연구가 대개는 과학교육학적 관심에서 이루어지고 있으나 일부는 전기를 안전하고 효과적으로 이용할 수 있는 방안을 마련하기 위해 수행되기도 한다. 지금까지 밝혀진 전기에 대한 학생들의 생각, 즉 전기에 관하여 그들이 잘못 알고 있는 개념을 요약하면 다음과 같다.

- 전기는 쓰면 없어진다.
- 전기는 힘이다.
- 전류는 열이나 빛과 같은 에너지로 전환된다.
- 전기는 탄다.
- 전기는 물이 수도관을 통해 흐르듯이 전선을 따라 흐른다.
- 건전지는 전류를 저장하고 있다.
- +전류와 -전류는 서로 반대 방향으로 흐른다.

이와 같은 생각들은 학생들이 전기, 전류, 전력, 에너지 등의 의미를 명확하게 구분하고 있기보다는 오히려 혼동하고 있음을 드러낸다. 이 생각들은 학생들이 거시적인 현상을 통해서 얻은 지식을 통해서 미시적인 현상과 그 원인을 이해하거나 설명하는 경향이 있음을 보이기도 한다. 학생들은 이 밖에도 전기와 관련된 여러 물리 개념을 잘못 이해하고 있는데, 과학교육학자들은 학생들이 가지고 있는 생각으로 그들이 자연을 보고 해석하는 데 일관성 있게 적용하는 기본 관점을 오인, 대체적 개념 틀, 아동의 생각, 순진한 관념 등 다양한 이름으로 부르고 있다. 전기에 관한 이와 같은 생각도 일종의 오인으로서 학생들이 전기에 관한 문제를 잘 해결하지 못하는 원인으로 작용한다. 학생들이 전기 개념의 오인을 가짐으로써 전기에 관한 문제를 잘못 해결하는 경우를 예시하면 〈그림 2-7〉과 같다.

〈그림 2-7〉에서 (a)는 건전지의 -쪽 전선에는 전류가 흐르지 않는다는 생각을 나타낸다. 오로지 +쪽의 전선만이 활동적이라는 생각이다. 따라

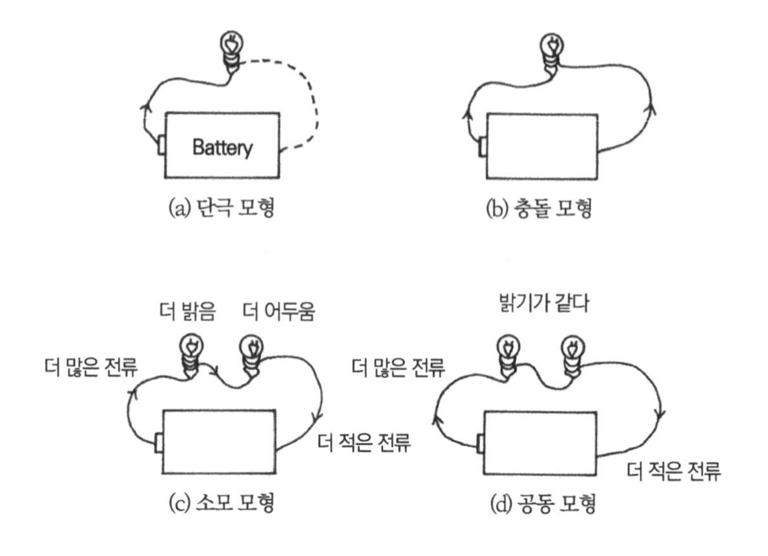

그림 2-7 | 전기 개념의 오인

서 이런 생각을 가진 학생들은 전구에 불이 들어오게 하는 데 한 전선만 필요하며, 다른 전선은 전구를 전지에 안전하게 매달기 위해 사용된다는 견해를 밝히기도 한다. (b)의 생각은 건전지의 양쪽에서 전류가 흐르고 양쪽의 전류가 전구 안에서 서로 부딪혀 불이 켜진다는 생각으로서 전기는 쓰면 없어진다는 관념의 한 표현이다. 한편 (c)는 전류가 회로의 한쪽 방향으로만 흐른다는 생각이다. 이 생각에는 건전지의 한쪽에서 나온 전류가 전구나 전열기를 통과하는 과정에서 소모되므로 +쪽의 전구가 -쪽의 전구보다 더 밝으며, 통과한 다음의 전선에 흐르는 전류의 양이 통과하기 전의 전선에 흐르는 양보다 더 적다는 관념이 깔려 있다. 이 관념은 비단 학생뿐 아니라 많은 과학 교사들에게도 보편적인 생각이다. (d)는 회로에 같은 종류의 전구가 여러 개 달려 있을 경우, 각 전구에 같은 양의 전류가 흐르기 때문에 각 전구의 밝기가 같다는 생각을 나타낸다. 그러나 이 생각에도 (c)와 같이 전류가 각 전구를 통과하면서 소모된다는 의미가 함축되어 있다. 중·고등학생 가운데 전류는 한 방향으로만 흐르며, 회로를 흐르는 과정에서 보존된다는 옳은 생각, 즉 과학적 개념을 가진 학생은 극소수에 불과하다.

전기는 일상생활에서 흔하게 쓰이지만 그 본성은 추상적인 특성을 지닌다. 따라서 오늘날 각급 학교에서 사용하고 있는 교과서는 전류의 흐름을 수도관을 통해서 흐르는 물에 비유하여 설명하는 경우가 보통이다. 그러나 이러한 비유법은 학생들로 하여금 전류를 오해하여 물의 흐름과 동일시하거나 전류의 본성을 잘못 이해하는 원인이 되기도 한다. 사실상 물의 흐름과 전기의 흐름은 본질적으로 다르다. 물이 가득 찬 수도관의 한쪽에 압력을 가하면 즉시 반대쪽에 압력이 미치는 것과 마찬가지로 전선에 전압을 거는 순간 전류가 흐른다는 점에서 물의 흐름과 전기의 흐름이 같다고 말할 수도 있다. 그러나 물분자의 이동을 전자에 의한 전기의 흐름과 동일시할 수는 없다.

학생들이 전기의 본성을 잘못 알거나 배우기 어려워하는 이유는 그들이 전류의 개념과 전기 에너지의 개념을 분명하게 분간하지 못하고 오히려 혼동한다는 데도 있다. 앞에서 고찰한 바와 같이 전기는 쓰면 소모된다는 생각은 전류를 전기 에너지로 혼동한 데서 비롯된다. 전기 에너지는 여러 가지의 전기 제품을 통과하는 과정에서 열이나 빛 에너지로 전환되어 전기 에너지 자체는 소모되지만 전류는 보존된다. 그러나 대다수의 학생들은 가전제품에서 소모된 것을 전류로 보고 그에 따라 전기 문제를 해결함으로써 오답을 얻게 되는 경우가 종종 나타난다.

학생들이 학년을 불문하고 전류를 전기 에너지로 혼동하거나 그럼으로써 전기의 본성을 이해하고 배우길 어렵게 생각하는 원인도, 다른 과학 개념을 공부할 때와 마찬가지로, 그들이 일상적인 경험을 통해서 획득한 전기 개념을 적용하여 전기의 속성과 그 현상을 설명하거나 전기와 관련된 문제를 해결하기 때문이다. 현재 절전 운동이 거국적으로 강조되고 있는데, 이는 전류를 전기 에너지로 오해하게 하는 주요한 요인이 되고 있다. 또한 각 가정에서는 전기료를 쓴 전력량에 따라 부과되는 대로 납부하고 있는데, 이런 현실적 상황도 전류를 전기 에너지로 오해하게 하는 원인을 제공한다. 이처럼 일상적인 생활 상황에서는 전기의 본성이 아니라 그로부터 나타나는 현상만 다루어짐으로써 학생들이 전기에 대한 직관적 관념을 가질 수 있는 밑바탕을 제공하는 경우가 흔히 나타나고 있는데, 이런 현실적 상황은 과학의 교육과정 내용과 전기에 대한 학습지도 자료가 전기가 나타내는 거시적인 현상과 더불어 미시적인 특성을 다루는 내용으로 이루어져야 한다는 것을 암시한다.

4. 빛

생물체는 태양이나 전구에서 발하는 빛이 없으면 살아갈 수 없다. 우리는 눈만 뜨면 빛이 있음을 알 수 있으며, 그럼으로써 우리가 자연의 만물을 볼 수도 있다. 세상에 널리 존재하는 것이 빛이지만 이 성질 또한 학생들이 이해하고 배우기 어려운 속성을 지닌 과학 개념의 하나다. 현대의 물리학자들은 빛이 대체로 다음과 같은 특성을 지닌다고 본다.

- 빛은 광원으로부터 나와 공간으로 전파된다.
- 빛이 공간에서는 직진한다.
- 빛의 전파 속도는 유한하다.
- 빛은 매질을 만나지 않는 한 보존된다.
- 즉 빛은 매질에 의해 사라질 수도 있다.

그러나 이와 같은 특성은 학생들이 빛의 본성을 이해하기 어려운 원인이 되고 있다. 학생들에게 빛이 어떤 특성을 갖고 있어서 책상 위에 놓여 있는 책을 볼 수 있느냐고 물으면, 그들의 일부는 눈에서 빛이 나와 책으로 가기 때문이라고 대답하거나, 〈그림 2-8〉과 같이 빛 또는 빛 물질이 책에서 나와 눈에 도달하기 때문이라고 대답한다. 이런 생각은 학생들이 밝은 데에서만 사물을 볼 수 있고 어두운 곳에서는 아무것도 볼 수 없다는 사실을 이해하는 데 어려움을 준다.

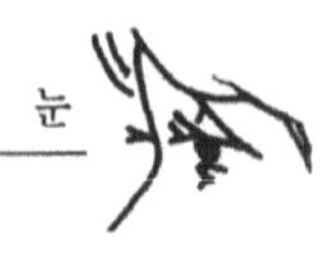

그림 2-8 | 책에서 빛이 나와 눈에 도달하여 볼 수 있다는 생각

빛이 광원이 아니라 물체에서 또는 눈에서 나온다는 생각은 고대에도 있었다. 아리스토텔레스는 우리가 본다는 것은 빛이 관찰 대상으로부터 나와 눈에 도달하기 때문이라는 생각을 가지고 있었으며, 유클리드(Euclid, B.C. 330?-275?)와 프톨레마이오스는 빛이 눈에서 나와 관찰 대상으로 가기 때문에 볼 수 있다고 생각했다. 한편 빛의 본성과 색깔에 대한 생각은 12~13세기부터 나왔다. 그로세테스테(Grosseteste)와 베이컨(Bacon)은 빛이 백열원에서 나온 교란이거나 그 상태라고 주장했다. 교란이 눈으로 퍼져 광감각을 자극함으로써 사물이 보인다는 주장이었다.

16~17세기의 과학 혁명기에는 빛에 대한 연구가 비교적 조직적으로 수행되었지만 그 전통은 두 파로 갈라졌다. 첫 번째 전통에서는 빛의 입자설을 받아들여 빛은 밀도가 큰 매질에서 더 빠르다는 데카르트의 가정과 1621년에 스넬(Snell, 1591~1626)이 발견한 빛의 굴절 법칙과 수차 현상에 주된 관심을 두었다. 빛의 입자설은 현미경과 망원경이 발명됨으로써 그것들을 개선하여 보다 좋은 것들로 만들기 위한 노력을 통해서 빛의 본질을 밝히기 위한 연구로 이어졌다. 이 전통에 속한 뉴턴은 수차를 줄

이기 위한 실험 과정에서 백광은 입자로 된 여러 가지 색의 빛이 섞인 것이라고 주장했으며, 프리즘을 이용하여 여러 가지 색의 광선을 분리해 보임으로써 그의 주장이 타당함을 증명했다. 그는 1704년에 출간한『광학』이라는 책을 통해 빛은 광원에서 방출되는 입자의 직진적 흐름이라고 주장함으로써 빛의 입자설을 주장하는 전통의 대표적인 광학자로 인정받게 되었다.

두 번째의 전통에서는 빛의 파동성이 주요한 관심사였다. 이 전통에 속한 영국의 훅(Hooke, 1635~1703)은 빛이 가상의 매질인 에테르의 진동에 의해 전파되는 파동이라고 주장했으며, 네덜란드의 호이겐스(Huygens, 1629~1695)도 빛은 밀도가 작은 매질에서 더 빠르다고 가정함으로써 빛의 파동설을 주장했다. 특히 호이겐스는 그의 파동설을 통해서 빛의 반사와 굴절 현상을 잘 설명할 수 있었다. 그러나 그의 파동설에는 빛의 규칙적인 주기 개념이 결여되어 있어서 뉴턴이 제시한 빛의 색현상이나 그림자가 생기는 이유 등을 설명하기 어려웠으며, 빛의 회절과 간섭 현상을 실험적으로 확증할 수도 없었다.

더욱이 18세기에는 뉴턴의 학문적 권위에 눌려 이들의 파동설은 널리 받아들여지지 않았다. 19세기에 들어서면서 호이겐스의 파동설을 받아들인 영국의 영(Young, 1773~1829)이 빛의 간섭 현상을 관찰함으로써 빛의 파동설은 다시 활기를 찾게 되었고, 그에 따라 빛의 본성에 대한 연구가 새로운 차원으로 끌어 올려졌다. 그는 만일 빛이 뉴턴의 주장처럼 물체에서 튀어나온 입자라고 한다면 출처에 상관없이 그 속도가 일정할 수 없다고 보았다. 그는 또한 뉴턴의 빛에 대한 이론이 실제로는 빛의 입자성보다는 파동성을 설명하고 있다고 판단하고, 그 특성을 확인하기 위한 실험 장치를 스스로 고안했다. 그는 두 구멍에서 나온 빛이 간섭하는 현상을 발견함으로써 파동설이 타당하다는 것을 실험적으로 증명했다. 영은 그 실험 결과를 바탕으로 빛이 수면파와 같은 파동성을 지니며 빛의 종류에 따라 고유한 주파수를 지닌다고 주장했다. 그의 이론은 프레넬(Fresnel, 1788~1827)이 빛의 간섭에 관한 수학적 이론을 제시함과 더불어 회절 현상을 설명함으로써, 그리고 프랑스의 푸코(Foucault, 1819~1868)에 의해 광속은 진공보다는 매질에서 더 느리게 전파된다는 사실이 관측됨으로써 이론적으로도 지지를 받게 되었다.

그러나 빛의 파동설은 새로운 문제점을 야기했다. 빛이 파동이라면 수면파가 물을 매개로 전파되듯이 광파를 전달하는 매질의 존재를 가정해야만 했다. 따라서 이 우주는 에테르라는 물질이 가득 차 있어서 공간이란 있을 수 없다는 고대로부터의 생각이 다시 부각되었다. 한편 맥스웰(Maxwell, 1831~1879)은 전류와 자기장의 특성이 광파와 비슷하다는 것을 수학적으로 표현하고 빛은 일종의 전자기파라는 것을 예언했다. 그는 더 구체적으로 전자기파도 광파와 마찬가지로 반사하거나 굴절하는 특성을 지니며, 빛보다 파장이 짧은 방사선이 있을 것이라는 것을 예측했다. 1888년에 헤르츠(Hertz, 1857~1894)가 파장이 큰 전자기파를 발견함으로써 맥스웰의 예언을 사실로 입증했다. 이들에 이어 20세기 초에는 빛을 파동보다는 입자로 보게 하는 X선과 같은 방사선이 발견됨으로써 빛의 입자설이 다시 제기되었고, 톰슨의 에너지 양자가설과 아인슈타인의 광양자설에 의해 빛의 파동성과 입자성을 동시에 설명하는 이중성 이론이 확립되었다.

이상에서는 빛의 성질과 그것이 밝혀진 과정을 설명했다. 그 과정에 관한 논의로부터 유추할 수 있듯이, 빛의 성질은 그에 대한 가설이 제시되고 실험으로 입증되는 절차가 반복되는 과정을 통해서 발달했다. 이는 빛이 본질적으로 추상적인 개념이기 때문이며, 빛이 지니는 바로 그 성질 때문에 학생들은 그 본성을 파악하는 데 어려움을 겪게 된다. 학생들은 가시적인 현상을 통해서 자연의 사물과 현상을 보는 습성이 있다. 그들은 빛의 속성을 이해하는 데 있어서도 마찬가지다. 학생들은 빛을 어떤 독특한 본질로 이해하기보다는 광원이나 빛에 의해 나타나는 효과를 통해서 그 본성을 파악하려 한다. "이 방에서 빛이 어디에 있느냐?"라고 물을 때, 그들은 천장에 달린 전구나 빛에 의해 반짝거리는 물체를 가리킨다. 그들은 또한 흔히 낮에는 빛이 밝고 밤에는 더 어둡다고 말하는데, 이는 그들이 빛을 어떤 본질보다는 한 상태로 파악하고 있음을 나타낸다. 즉 학생들은 빛을 그 출처와 효과 사이의 공간에 존재하는 명백한 실체로 인식하지 못한다. 그들은 빛의 본성을 잘 인식하지 못하거나 잘못 이해함으로써 빛에 의해 나타나는 여러 가지 현상을 이해하는 데 어려움을 겪게 된다. 어떤 학생들은 빛과 그에 의해서 나타나는 효과를 혼동하기도 한다. 따라서 그들은 빛에 의해 나타나는 한 효과인 그림자를 '어두운 빛'이라고 말하기도 한다.

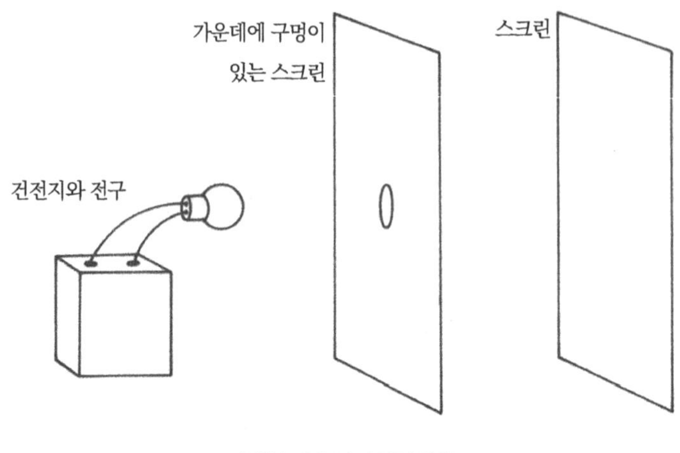

그림 2-9 | 빛의 직진 실험

의외로 많은 수의 중·고등학생들은 빛이 움직인다는 사실 자체를 비교적 잘 알고 있다. 그러나 그런 생각이 상황에 따라 다르게 표현된다. 그들은 빛이 '튄다'든가 '통과한다'라는 말을 자주 쓰는데, 이 말은 그들이 빛을 움직이는 속성으로 이해하고 있음을 반증한다. 그들 중에 많은 학생이 빛이 움직이기는 하되 반드시 수평선을 따라 직진한다고 보기도 한다. 그들은 〈그림 2-9〉와 같은 문제에서 전구를 구멍과 수평으로 놓지 않을 경우 스크린에 빛이 나타나지 않는다고 대답한다.

빛과 관련하여 학생들이 이해하기 어려워하는 개념 중의 하나는 어떻게 해서 사물을 볼 수 있느냐에 관한 것이다. 즉 학생들은 본다는 것이 광원에서 나온 빛이 물체에 부딪친 다음 반사되어 눈에 들어오기 때문이라는 사실을 잘 이해하지 못한다. 특히 반짝거리는 물체를 보이면서 우리가

그림 2-10 | 빛이 눈을 거쳐 물체에 도달한다는 생각

사물을 볼 수 있는 이유를 물을 때 많은 학생이 그 물체에서 빛이 나와 눈에 들어오기 때문이라고 대답한다. 그들은 여러 가지 색깔이 있는 종이를 보이면서 똑같은 질문을 던질 경우 상반된 반응을 보이기도 한다. 이 경우에는 대개 눈에서 빛이 나와 물체에 도달하기 때문에 볼 수 있다고 대답한다. 이 문제에 관한 한 그들은 〈그림 2-10〉과 같이 빛이 광원에서 나와 눈에 닿은 다음 물체로 반사되기 때문이라고 대답하기도 한다.

일반적으로 저학년의 중학생들은 빛이 사물을 보는 데 작용하는 결정적인 요인이라고 생각은 하지만 빛이 공간에서 전달되는 과정이나 눈과 빛, 그리고 물체 사이의 관계 등을 분명하게 인식하지 못한다. 따라서 그들은 어두운 곳에서 사물을 잘 볼 수 없는 이유를 제대로 설명하지 못한다. 그들은 그런 기본적인 인식이 결핍되어 있어서 달에서 찍은 지구 사진에서 지구의 주위가 칠흑같이 까만 이유도 잘 설명하지 못한다. 그들에게 빛이란 사물을 밝게 비추어 주고 눈이 없으면 아무것도 볼 수 없다는 생각이 가장 보편적이고 가장 확실한 지식이다. 그들의 빛에 대한 개념은 학년이 올라감에 따라 대체로 〈그림 2-11〉과 같은 단계를 거쳐 발달하며, 고등학교에 이르면 대개의 경우 빛의 본질과 특성에 대한 올바른 관념을 갖게 된다.

학생들이 빛의 본질과 특성을 이해하기 어렵게 느끼거나 잘못 알기 쉬운 원인은 그들이 빛에 대한 올바른 모형을 가지고 있지 않다는 데도 있다. 〈그림 2-11〉에서 첫째 단계는 빛이 공간에 충만해 있다는 생각으로 눈과 빛, 그리고 사물들 사이의 관계를 구체적으로 나타내지 않는다. 따라서 이런 생각을 가진 학생들은 빛이 공간에서 전파된다는 사실을 잘 이해하지 못한다. 둘째 단계는 빛이 물체를 밝혀준다는 관념이며, 학생들이 눈과 물체 사이에 있어야 할 매개체의 필요성을 전혀 인식하지 못하는 원인이 된다. 이 단계의 관념을 가진 학생들은 빛이 뚜렷한 지각적 효과를 낼 만큼 강하지 않을 경우 그 존재 자체를 부정한다. 그들은 또한 자신들이 보고 있는 종이가 빛을 반사하지 않는다고 보며, 따라서 눈이 빛을 받아들여야만 사물을 볼 수 있는 것은 아니라고 믿는다. 셋째 단계는 빛이 눈에서 물체로 이동하기 때문에 볼 수 있다는 생각이다. 이 단계의 학생들은 빛이 보존된다는 생각을 갖지 못한다. 그들은 빛이란 저절로 혹은 물질과의 상호작용을 통해서 사라진다고 본다.

결론적으로 빛에 대한 학생들의 생각은 그들의 직접적인 경험이나 지각을 바탕으로 형성된다. 어린 학생들은 자신의 직접적인 경험을 바탕으

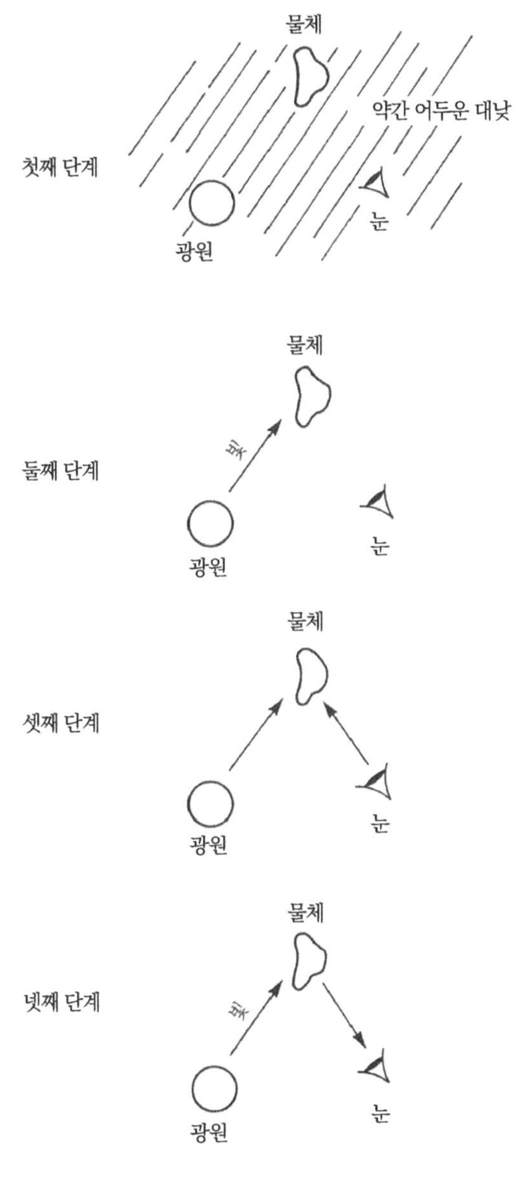

그림 2-11 | 빛 개념의 발달 단계

로 형성된 빛에 대한 직관적 관념, 즉 빛이란 밝은 빛을 내는 물질에 포함된 일종의 효과 혹은 상태라는 생각을 갖는 경우가 보통이다. 그들은 거울 속에 보이는 상의 존재나 어떤 물체와 그 물체의 그림자가 비슷한 이유를 잘 설명하지 못한다. 이들보다 상급 학년의 학생들은 빛을 공간에 존재하는 독특한 물질로 취급하기도 한다. 그들은 특히 빛이 반사되고 거리에 따라 밝기가 달라지는 현상 등을 근거로 빛을 일종의 물질로 본다. 중고등학생들은 대체로 빛의 가시적 효과와 상태, 그리고 그 출처에 대한 생각을 통해서 공간과 빛의 관계를 이해하려 한다. 따라서 그들은 본질적으로 미시적인 속성을 지닌 빛의 본성을 파악하는 데 어려움을 갖게 된다.

5. 열과 온도

추상적인 속성을 지닌 사물의 본성은 관찰을 통해서는 직접 지각할 수 없고, 관찰한 현상이나 다른 지식 체계에 바탕을 둔 추론을 통해 간접적으로 인식할 수밖에 없다. 추상적인 속성은 그 정의에 의해서 직접 지칭할 수 있는 가시적인 대상을 갖지 못하기 때문이다. 또한 사물의 추상적인 특성은 주로 모형이나 비유법을 이용하여 표현할 수밖에 없다. 열과 온도가 바로 이런 종류의 개념이다. 열에 의해서 나타나는 현상은 학생들 누구에게나 매우 친숙하다. 그러나 그들은 열의 본질을 정확하게 이해하지 못하고 있는 경우가 대부분이며, 기껏해야 불에 대한 경험을 바탕으로 형성된 직관적 관념을 통해서 그 본질을 파악하려 한다.

불은 전문적인 용어로 공기 속에서 가연성 물질이 산화반응, 즉 연소에 의해 빛과 열을 내는 현상으로 정의된다. 보다 구체적으로 말하자면 불은 물질이 산소와 화합하여 빛과 열을 내면서 타고 있는 상태로 정의된다. 그러므로 그것은 빛과 열을 발하는 에너지의 한 형태일 뿐 열이나 에너지 그 자체는 아니다. 불은 일찍이 인류의 문명이 발달하는 데 결정적인 요인으로 작용했지만 열로 인식되는 경향도 없지 않았다. 한편 연소는 일반적으로 가연성의 물질이 산소와 결합하는 반응을 말한다.

고대의 자연철학자들은 불을 자연에 존재하는 만물의 근본으로 생각했다. 이를테면 불을 네 가지의 궁극적인 원소의 하나로 지칭함으로써 그것을 사물과 생명의 근원으로 취급했다. 고대인들이 불과 관련하여 이와 같이 가졌던 생각은 물질에 관한 현대의 원소설과 원자설, 그리고 한 걸음 더 나아가 소립자론이 나온 바탕이 되었으며, 열역학이 그 한 분야를 이루고 있는 현대 역학의 기틀이 되기도 했다. 그러나 정작 열학, 즉 불과 열에 관한 학문은 전자기학이나 역학에 비해 늦게 확립되었다. 그것은 불과 열이 일상생활과 밀접한 관련이 있는 너무나 당연한 존재로 인식되었기 때문이다.

고대의 자연철학자들은 궁극적인 물질로 물, 불, 공기, 흙 네 가지를 제시하고 이것들이 모든 물질의 기본적 구성요소라고 주장했는데, 이 생각은 17세기의 의화학을 시작으로 18세기의 플로지스톤설과 열소설을 거쳐 19세기에 기체화학이 확립된 배경이 되기도 했다. 베허(Becher,

1891~1958)와 슈탈(Stahl, 1660~1734)을 포함한 18세기의 자연철학자들은 플로지스톤을 열의 운동 혹은 불의 운동으로 명명하고, 모든 금속은 재와 플로지스톤의 화합물이라고 주장했다. 그들은 금속이 연소할 경우 불이 금속으로부터 플로지스톤을 이탈시키고 재만 남긴다는 가설을 정립한 다음, 이 가설을 이용하여 물질이 타면 가벼워지는 이유를 설명했다. 그들은 나무, 기름, 석탄 등 가연성의 물질은 특히 많은 양의 플로지스톤을 포함하고 있어서 그것들이 탈 경우에는 그만큼 더 가벼워진다고 보았다. 그들 중 일부 자연철학자들은 플로지스톤을 불의 구성요소로 봄으로써 물질의 한 종류로 취급하기도 했다.

17~19세기의 자연철학계에는 불과 마찬가지로 열도 물질의 한 가지 종류라는 생각이 지배적이었다. 베이컨, 보일(Boyle, 1627~1691), 훅, 뉴턴 등 주로 에너지와 역학에 관심을 두었던 17세기의 자연철학자들은 열을 아주 미세한 입자의 기계적 운동으로 파악하고 그런 입자가 활발히 움직일수록 온도가 올라간다고 주장했다. 그러나 열을 에너지의 한 형태로 보았던 이들의 관점이 18세기에는 화학이 발달함으로써 열을 물질의 한 종류로 보는 견해로 변했다. 18세기의 자연철학자들은 열을 열소(caloric)라고 하는 무게가 없는 물질로 생각하고, 이 열소설에 의거하여 마찰에 의해 열이 발생하는 것은 문질러지는 두 물질과 결합된 열소가 방출되기 때문이라고 주장했다. 이들은 또한 두 물질 사이에 나타나는 온도의 차이는 그 물질 사이를 오고 간 열소의 양 때문이라고 주장했다. 특히 프리스틀리(Priestley, 1733~1804)는 나무와 같은 가연성 물질과 달리 금속과 같은

무겁고 비가연성인 물질이 연소할 경우 더 무거워진다는 사실을 확인했으며, 이런 프리스틀리의 영향을 받은 라부아지에(Lavoisier, 1743~1794)는 공기 중의 산소와 물질의 결합이라는 근대적인 의미의 연소설을 확립했다.

다른 한편에서는 열이 소모되어 기계적 에너지로 전환되는 현상이 여러 자연철학자들에 의해 확인됨으로써 열역학이 확립되는 동기가 되기도 했다. 카르노(Carnot, 1796~1832)는 1830년에 열이란 작은 입자들의 운동에 불과하며, 열과 역학적 에너지는 상호가변적인 동일한 속성이라는 견해를 제시했다. 영국의 줄(Joule)도 열과 일에 관한 연구를 통해서 열이 열

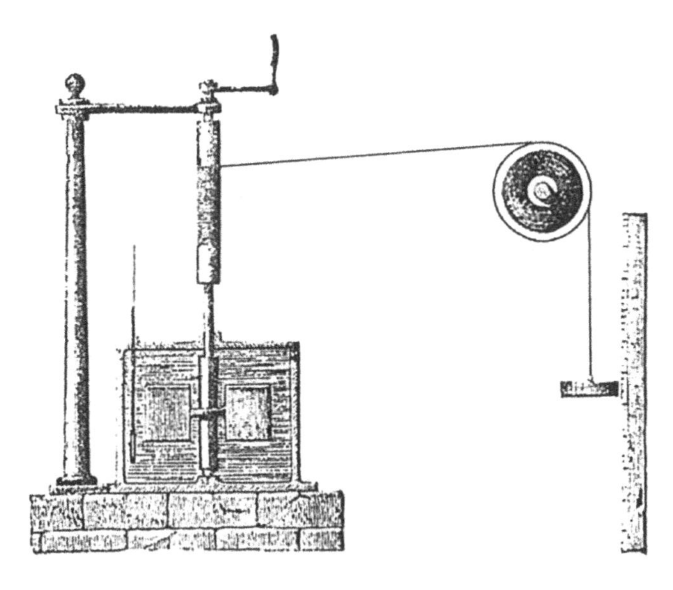

그림 2-12 | 줄의 실험 장치

에너지라고 하는 에너지의 일종임을 밝혀냄으로써 열과 역학적 일이 등가임을 확인했다. 그는 1847년 〈그림 2-12〉와 같은 장치를 고안하여 일을 해줌으로써 온도가 올라가는 것을 측정했다.

현대의 물리학자들은 열을 물체의 온도를 변화시키는 원인으로 정의한다. 이 정의에 따르면 열은 계의 상호작용을 일으키는 변수, 즉 에너지 전도의 한 과정으로 볼 수도 있다. 실제로 열은 물체의 온도를 변화시킴으로써 그 모양과 상태를 변형시키며, 그 성질도 변화시키는 기능을 한다. 한편 온도는 물체의 차고 따뜻한 정도를 수량적으로 나타내는 개념과 그 속성이다. 온도는 물리적으로 거시적인 현상의 특성과 물체의 열평형 상태를 특징짓는 연속적인 양으로서 온도계에 의해서 그 양이 측정된다. 그러나 학생들은 이와 같은 열과 온도의 본성을 잘못 인식함으로써 열 또는 온도와 관련된 문제를 쉽게 해결하지 못한다. 그들은 열을 물질을 뜨겁게 하는 물질로, 한 물체에 저장되어 있으면서 다른 물체로 이동할 수 있는 것, 한 물체 내의 한곳에서 다른 곳으로 이동할 수 있는 물질 등으로 파악하기도 한다.

온도가 다른 두 물체를 접촉할 경우 열은 온도가 높은 쪽의 물체에서 낮은 쪽의 물체로 이동함으로써 결국 양쪽의 온도가 같아져 평형상태에 이른다. 즉 임의의 두 계에 온도 차이가 나면 그 계 사이에 열의 전도가 일어난다. 예컨대 프로판가스로 물을 데울 경우, 불꽃과 물의 온도가 다르며 이때 열이 불꽃으로부터 물로 전도된다. 사실상 열전도는 어떤 계의 내부 에너지를 변화시키는 유일한 방법이다. 한 계의 에너지 상태는 에너지 전도의 형태와 상관없다. 즉 열의 형태로 에너지가 전도되지 않더라도 내부 에너지 상태는 변화될 수 있다. 그러나 학생들은 일상적으로 쓰이고 있는 열이 구체적인 의미로 정의되지 않음으로써 열을 내부 에너지와 혼동하게 된다.

현대적인 의미의 열과 온도 개념은 오랜 기간에 걸쳐서 발달할 수밖에 없었는데, 그에 대한 주된 이유는 그것들이 지니는 본질적 속성이 추상적인 데다가 그와 관련된 현상들조차도 반직관적인 특성을 지니고 있기 때문이다. 특히 반직관적인 특성은 학생들이 열과 온도의 개념을 파악하는 데 어려움을 겪는 원인이 되기도 한다. 현행 중학교 3학년 과학 교과서에는 열에너지 단원이 설정되어 있고, 열과 관련된 개념이 주요한 내용으로 포함되어 있다. 중학교 과학 교과서에는 열과 온도의 관계를 현상적 수준에서 나타내고, 열을 분자 운동 에너지, 즉 열에너지로 표현함으로써 열이 무엇인지를 비교적 구체적이고 체계적으로 서술하려 하고 있다. 그러나 그 내용을 분석해 보면 학생들로 하여금 열과 온도의 본질을 오해하게 할 수 있는 용어와 형식으로 표현하고 있는 부분이 적지 않다. 과학 교과서에는 '금속 막대의 한쪽에 열을 가하면 다른 쪽도 뜨거워지는 이유는 열이 금속 막대를 통과하기 때문이다'라는 의미로 표현되는 경우가 있는데, 이런 표현은 학생들이 열의 본질을 물질로 파악하는 원인이 될 수도 있다. 이와 더불어 열은 물체에 저장될 수 있는 것, 즉 보온할 수 있는 것, 단열재를 써서 열의 출입을 차단하는 것, 열전도 등과 같은 표현이나 용어도 열이 물질의 한 가지임을 강하게 암시한다. 더욱이 열물질로 가정했던 열소에서 유래한 칼로리가 열량을 나타내는 단위로 쓰이고 있는데, 이 용어도 학생들이 열을 물질로 파악하게 하는 요인으로 작용한다. 이처럼 학생들이 열을 물질의 일종으로 파악하려는 경향은 그들이 일상적으로 쓰는 용어와 의미를 빌려 자연현상의 인과관계를 설명하는 습관의 한 단면을 단정적으로 보여 준다.

학생들은 비단 물질뿐 아니라 모든 자연현상의 원인을 은유법이나 유추법 혹은 그것들을 이용한 모형을 적용하여 설명하려는 습관과 태도를 지니고 있다. 그런데 유추와 은유, 그리고 모형은 과학적 개념이나 이론 그 자체가 아니다. 그러므로 그런 형식으로 열과 온도의 특성에 대해서 서술한 교과서를 사용하여 열의 개념을 배운 학생들은 당연히 그 본질을 잘 이해하지 못하는 경우가 있을 수 있으며, 과학교사가 기대하지 않았던 엉뚱한 의미로 잘못 아는 경우도 나타나게 된다. 이를테면 그들은 열 또는 온도와 관련된 문제가 주어졌을 때 열은 물질이라는 관점을 통해서 대답하는 경우를 흔히 보인다. 그들은 찬물과 뜨거운 물을 섞었을 때 뜨거운 물의 열이 찬물로 옮겨져 미지근한 물이 된다고 대답한다. 어떤 학생들은 심지어 찬 열이 뜨거운 물로 옮겨져서 그렇게 된다는 견해를 나타내기도 한다. 더군다나 그들은 "10℃의 물 100cc와 20℃의 물 200cc를 섞었을 때 몇 도의 물이 되는가?"와 같은 문제를 풀어 본 경험도 많아서 이러한 생각을 자신 있게 표현한다.

학생들이 문제에 따라서는 배운 내용이나 지식을 접어둔 채 일상적인 경험을 통해서 획득한 직관적 관념을 이용해서 해결하기도 한다. 예컨대

"왜 자전거의 플라스틱 손잡이보다 쇠 부분이 더 찬가?"의 물음에, 어떤 학생들은 "플라스틱이 쇠보다 더 부드럽기 때문이다"라고 대답한다. 그들은 나무보다는 더 딱딱한 돌이 더 차고, 삼베보다는 무명이 더 부드럽고 그래서 무명옷보다는 삼베옷이 더 시원하다는 것 등의 경험을 갖고 있다. 이런 생각은 열의 본질을 잘못 이해함으로써 나온 것이라기보다는 그것을 전혀 이해하지 못했기 때문에 나온 것으로 볼 수도 있다.

3장

잘못 알기 쉬운 화학 개념

화학은 대체로 물질의 조성과 성질 및 이들 사이의 상호작용을 연구하는 학문으로 정의된다. 한편 물질은 물체를 이루는 실체로서 자연 세계를 구성하는 기본적 요소의 하나다. 현재 물질은 어느 것이나 공간의 일부를 차지하고 질량을 가지며 인간의 의식과는 독립적으로 존재하는 객관적 실재로 인식되고 있다. 물질 입자는 스스로 운동하며 자연계의 만물이 운동하고 변화되는 원인으로 여겨지기도 한다. 그런데 많은 학생이 물질이 지니는 이와 같은 특성을 잘못 파악하여 주요한 화학적 개념을 이해하는 데 어려움을 겪는다. 한편 과학사는 물질관이 어떻게 변화되어 왔으며, 그 과정에서 화학이 어떻게 발달했는지를 잘 보여준다. 이 장에서는 화학이 발달되어 온 과정을 간단히 살펴본 다음 학생들이 배우기 어렵거나 잘못 이해하기 쉬운 몇몇 주요한 화학 개념의 속성과 그 원인에 관하여 알아본다.

1. 화학의 발달

화학을 물질의 속성과 그 행동을 다루는 자연과학의 한 분야로 정의할 때 그 근원은 고대 그리스의 물질관에 있다고 말할 수도 있다. 탈레스(Thales, B.C. 640?~546)는 물을 궁극적인 물질로 보았고, 엠페도클레스(Empedocles, B.C. 490?~430)는 물을 포함한 불, 공기, 그리고 흙의 네 가지 요소를 만물의 기본적 물질로 보았다. 한편 데모크리토스(Democritos, B.C. 460?~370?)는 원자설을 제시했으며, 아리스토텔레스는 엠페도클레스의 4원소설을 받아들여 그것에 제5물질을 더했다. 또한 피타고라스(Pythagoras, B.C. 572?~492?)는 만물의 기본을 수(數)로 보았으며, 그와 플라톤(Platon, B.C. 427?~347)은 자연의 모든 물질과 물체가 〈그림 3-1〉과 같은 다섯 가지의 정다면체로 이루어져 있다고 주장했다. 이들의 물질관은 신비주의나 목적론적 세계관을 완전히 벗어나지는 못했지만 중세 이후에 확립된 기계론적 세계관의 바탕이 되었다. 특히 아리스토텔레스의 물질관은 다른 분야의 개념들과 마찬가지로, 그것이 무너짐으로써 현대 화학이 탄생하는 계기가 되기도 했다.

근대적인 의미의 화학이 물질은 물, 불, 공기, 흙의 네 가지 궁극적인 요소로 구성되어 있다고 보는 고대 그리스의 자연관이 무너짐으로써 발달했다고 가정할 때 그것의 직접적인 근원은 18세기라고 말할 수 있다. 특히 18세기 중엽의 자연철학자들은 여러 가지 종류의 흙을 관찰함으로써 흙을 물질의 궁극적인 구성요소로 보지는 않았으나 나머지의 세 가지

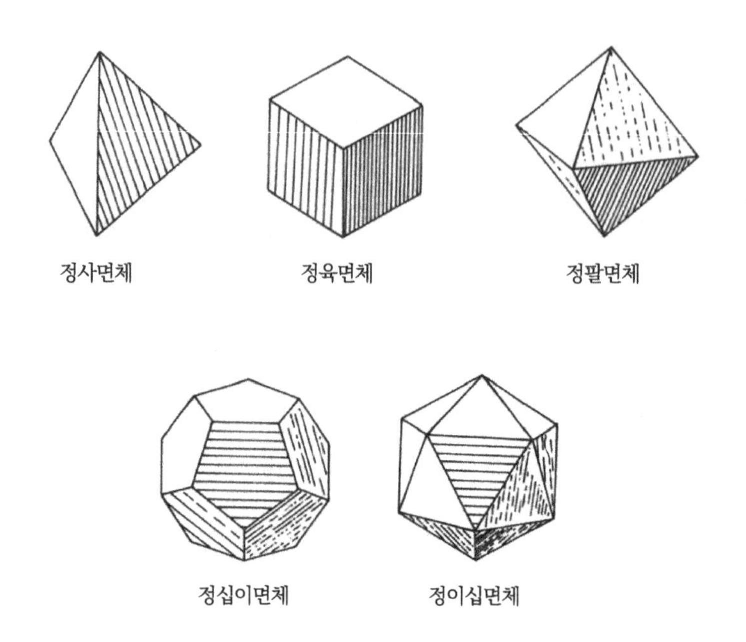

그림 3-1 | 물질의 구성요소로 생각된 정다면체

는 아직도 궁극적인 구성요소로 취급했다. 그러나 그 이후의 자연철학자들은 기체의 특성을 밝히는 과정에서 나머지 세 가지도 물질의 기본 요소가 될 수 없다는 것을 확인했다. 먼저 블랙(Black, 1728~1799)은 오늘날 탄산가스로 확인된 '고정된 공기'를 발견하고 그것이 공기와 화학적으로 다름을 증명했다. 그의 뒤를 이어 영국의 캐번디시(Cavendish, 1731~1810)가 산에 금속을 반응시켜 폭발하기 쉬운 수소를 발견하고, 프리스틀리가 〈그림 3-2〉와 같은 실험도구와 장치들을 사용해서 공기로부터 산소와 질소를 포함한 여러 가지 기체를 분리함으로써 공기는 물질의 궁극적 구성

요소가 아니라 여러 가지 기체의 혼합물이라는 것을 확인했다. 한편 궁극적 구성요소로서의 물은 수소와 산소가 반응하여 물이 생기는 것을 관찰한 캐번디시에 의해서 이미 부정되었다. 19세기에는 이러한 무기화학을 바탕으로 유기화학 분야가 형성되었으며, 이 새로운 분야에서 원자가와 원자 구조의 개념이 발달했다. 1870년대에는 멘델레예프(Mendeleev, 1834~1907)에 의해 주기율이 발견됨으로써 원소의 분류체계가 완성되었고, 그에 따라 현대 화학의 새로운 장이 열렸다. 전기화학 및 열역학과 같은 물리화학도 1880년대에 이미 형성되었다. 한편 톰슨(J. J. Thompson, 1856~1940)이 1897년 전자를 발견하여 화학적 친화도와 관련된 문제를

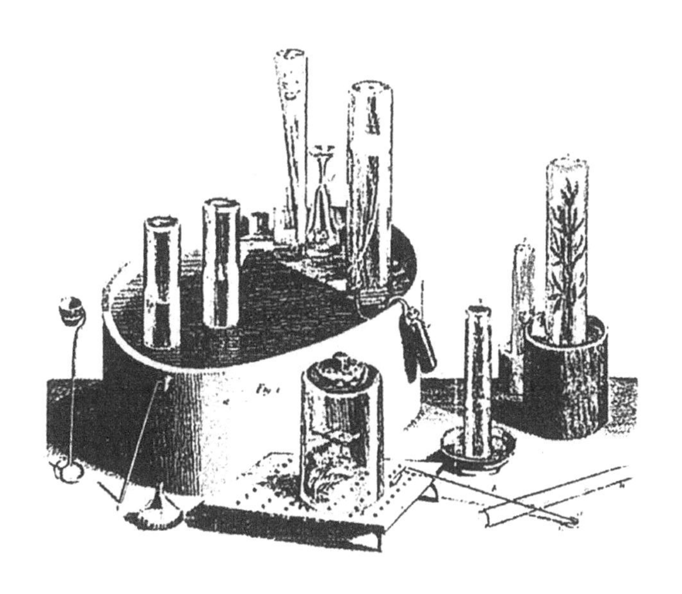

그림 3-2 | 프리스틀리의 실험 장치

해결함으로써 오늘의 화학이 발달할 수 있었다.

현대적인 의미의 화학은 물질의 반응과 상호작용을 원자의 개념으로 설명할 수 있는 실험적·개념적 바탕을 제공한 기체화학이 탄생함으로써 그 기틀이 갖추어지게 되었다고 볼 수도 있다. 기체화학은 17~18세기의 플로지스톤설에 따라 공기의 물리·화학적 성질을 밝히기 위한 연구의 결과를 바탕으로 확립되었다. 보일은 공기의 압력은 그 부피에 반비례한다는 사실을 발견하고 그것은 공기가 스스로 움직이는 작은 입자로 구성되어 있기 때문이라고 가정함으로써 기체의 물리적인 특성을 서술했는데, 이는 기체가 발견되는 과정의 출발점이 되었다. 즉 그의 업적은 화학이 물리학으로부터 분리되는 계기가 됨과 동시에 현대의 화학이 발달할 수 있는 기틀을 이루었다.

오늘날 화학은 물질의 특성과 서로 다른 물질들 사이의 상호작용을 다루는 과학으로 정의되고 있지만, 그 뿌리는 물질관에만 있는 것이 아니라 매우 다양하다. 그것은 고대의 야금술, 양조 기술, 염색 기술, 제혁술 등은 물론이고 물질은 불변적인 것으로 또는 변형이 가능한 것으로 본 그리스의 사변적 철학, 비금속을 귀금속으로 바꿀 수 있다고 보고 그런 노력의 방향을 제시한 연금술, 그리고 질병의 화학적 접근법을 제시한 의화학 등이 통합된 결과다. 그러나 화학적 현상이 비교적 복잡한 것에 비해 순수한 물질에 대한 개념이 없었고, 원소에 대한 개념도 결핍되었거나 모호했으며, 특히 기체의 개념이 확립되지 않음으로써 18세기까지는 화학이 자연철학의 범주를 벗어날 수 없었다.

2. 물질의 상태

물질은 온도와 압력에 따라 기체, 액체, 고체로 변화된다. 그러나 학생들은 그 상태에 따라 물질의 속성을 다르게 인식하는 경우가 있다. 그들은 특히 기체상태에 있는 물질의 특성을 이해하는 데 어려움을 느끼고, 공기와 기체상태에 있는 물질과의 관계를 이해하는 데는 더욱 어려워한다. 그들은 기체를 공기와 구분하는 데도 곤란을 겪는다.

공기는 주변에 충만한 일상생활 환경의 한 부분이다. 그러나 그것은 너무 흔하고 누구에게나 친숙하며 게다가 보이지 않기 때문에 학생들은

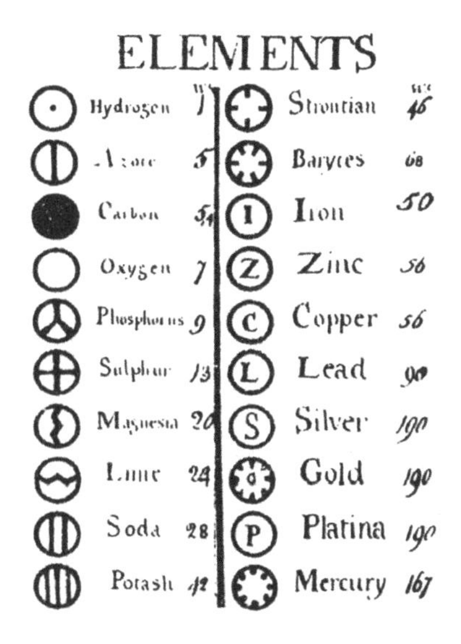

그림 3-3 | 돌턴의 원소와 원자량

그 성질을 인식하려 하거나 의식적으로 생각해 보지도 않으며, 단지 당연한 존재로 취급하고 있을 뿐이다. 공기는 기체의 한 형태로서 지구를 둘러싸고 있는 대기의 하층부를 구성하는 무색·무취의 투명한 기체를 말한다. 고대의 그리스 자연철학자들은 이런 공기를 4원소의 하나에 포함함으로써 만물의 기본 물질로 취급했다.

기체는 17세기 헬몬트(Helmont, 1577?~1644)에 의해서 처음으로 사용된 용어이며, 이 개념 또한 고대로부터 물질 개념과 관련하여 중요하게 취급되어 왔다. 그런데 18세기 말까지는 기체가 화학적 물질이라는 관념이 확립되지도 않았다. 그때까지는 여러 가지 형태로 나타나는 기체는 다른 종류의 입자들이 혼합된 공기에 불과하다는 생각이 지배적이었다. 기체가

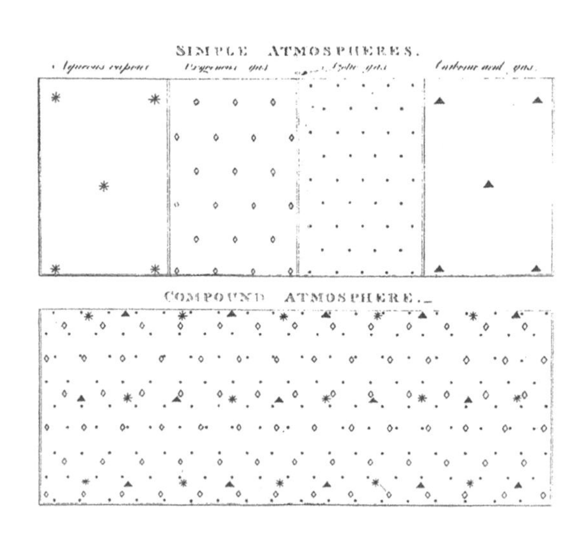

그림 3-4 | 돌턴이 제시한 공기의 구성

그에 고유한 원자로 구성되어 있다는 생각은 돌턴(Dalton, 1766~1844)이 처음으로 제기했다. 돌턴은 1803년 기체가 〈그림 3-3〉과 같이 기체에 따라 여러 가지 원소로 이루어져 있다고 보았다. 무거운 기체는 무거운 원자로, 단순 기체는 한 가지 원자로, 그리고 복합기체는 여러 가지 종류의 원자로 이루어져 있다는 생각이었다. 그는 이런 관점에 따라 공기는 〈그림 3-4〉와 같이 여러 가지 기체의 입자로 구성되어 있다고 주장했다.

한편 기체와 물질의 속성 및 그것들 사이의 세부적인 관계는 블랙과 라부아지에에 의해서 밝혀졌다. 영국의 블랙은 공기와 고정기체(탄산가스)가 화학적으로 다름을 증명했으며, 프랑스의 라부아지에는 〈그림 3-5〉와 같은 장치를 스스로 설계·이용하여 산소 기체를 발생시킴으로써 기체

그림 3-5 | 라부아지에의 산소 발생 실험 장치

가 모든 물질이 나타낼 수 있는 세 가지 상태의 하나라는 것을 입증했다. 그들 외에 게이뤼삭(Gay-Lussac, 1778~1850)이 1808년에 배수비례의 법칙을 발표하고, 아보가드로(Avogadro, 1776~1856)가 1811년에 동일한 조건에서 같은 부피의 기체는 같은 수의 입자를 포함한다는 아보가드로의 가설을 제시함으로써 기체가 물질의 한 상태라는 것이 더욱 분명해졌다. 더욱이 칸니차로(Cannizzáro, 1826~1910)가 1850년대에 분자량 혹은 몰(mole) 개념과 원자량 개념을 확립함으로써 기체는 물질의 한 상태임을 더욱 확고하게 입증했다.

현대적인 의미의 기체는 물질의 세 가지 상태 중의 하나로서 비교적 높은 온도와 낮은 압력일 때 나타난다. 기체는 고체나 액체와 달리 일정한 모양과 부피를 유지하지 못하고, 담는 그릇에 따라 변한다. 이는 기체의 밀도가 고체·액체의 것보다 작고, 그만큼 쉽게 압축될 수도 있기 때문이다. 일반적으로 고체나 액체 상태에서는 1㎤에 10^{22}~10^{23}개 정도의 분자가 함유되어 있음에 비해, 기체일 때는 같은 부피에 2.8×10^{19}개 정도의 분자를 포함한다. 이 때문에 기체 분자들 사이의 평균 거리는 고체와 액체의 것에 비해 수십 배나 되며, 따라서 기체에서는 그 분자들 사이의 상호작용이 상대적으로 약하고 그만큼 자유롭게 운동한다.

초·중학생들은 이와 같은 특성을 지니는 공기와 기체를 분간하지 못하고 오히려 혼동하는 경향이 있다. 이는 '가스'라는 일상적인 용어에 기인하기도 한다. 일상생활에서 가스는 라이터, 스토브, 도시가스 등과 어울려 쓰이고 있다. 학생들은 기체의 본질적 특성을 통해서 공기나 다른 물질의 기체를 이해하지 못하고 이와 같이 일상적인 생활 과정에서 흔히 쓰이는 기체의 특징을 통해서 그 본질을 이해하려 한다.

학생들은 대체로 공기는 지구 표면의 어디에나 있고, 물질이 찰 수 없는 곳까지도 들어갈 수 있는 성질의 것으로 옳게 파악한다. 그들은 공기란 항상 움직이는 것이라는 옳은 생각도 가지고 있다. 그러나 그들이 공기와 기체도 질량을 가지고 있다는 것을 이해하는 데는 어려움을 겪는다. 그들은 심지어 공기가 많으면 많을수록 더 가벼워진다는 생각을 가지기도 한다. 여러 가지 색을 띠는 유색의 기체보다 무색의 기체를 사용할 경우 이러한 경향은 더욱 뚜렷이 나타나는데, 이는 무색의 기체보다는 유색의 기체가 물질적인 특성을 더 짙게 띠고 있기 때문이다.

학생들은 기체에 관한 한 부피와 양을 혼동하는 경향마저 보인다. 학생들에게 〈그림 3-6〉과 같이 주사기 한쪽을 막고 눌렀을 때 그 안에 들어 있는 기체의 부피가 줄었는지 아니면 늘었는지 혹은 같은지를 물었을 때 많은 학생이 그 부피가 같다고 대답한다. 왜냐고 물으면, 더 이상의 공기

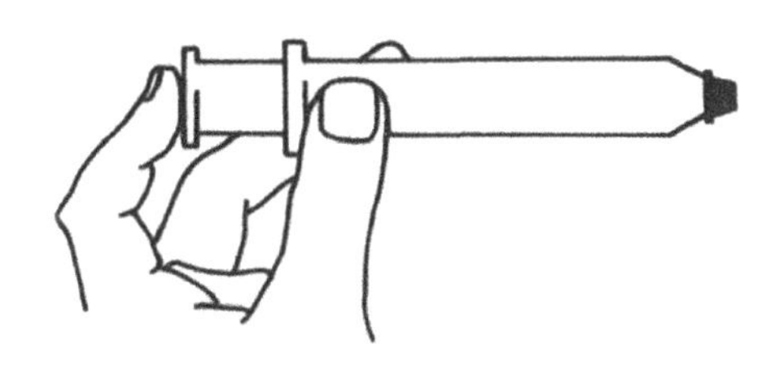

그림 3-6 | 주사기를 이용한 기체의 부피 실험

가 들어가거나 나오지 않았기 때문이라고 말하며, 한 걸음 더 나아가 손잡이를 누르고 있는 손을 놓으면 다시 제자리로 돌아가는 것이 이를 증명한다고 대답한다. 이는 그들이 기체의 부피보다는 보존되는 기체의 양에 대한 생각을 바탕으로 대답하고 있음을 보여 준다.

학생들은 기체, 공기, 진공이 온도에 따라 어떻게 변하는지에 관해서 확실한 신념을 갖지 못하는 경우가 매우 흔하다. 따라서 그들은 공기의 온도가 변함에 따라 나타나는 여러 가지 현상을 파악하는 데도 어려움을 가지게 된다. 일부의 학생들은 공기와 기체는 가열할 수 없다고 생각한다. 이런 생각을 가진 학생들 중에는 당연히 공기가 없는 진공에서는 온도가 전혀 변하지 않는다고 생각하는 학생들도 있다.

저학년 학생들은 기체에 열을 가하거나 온도를 낮추면 부피가 아니라

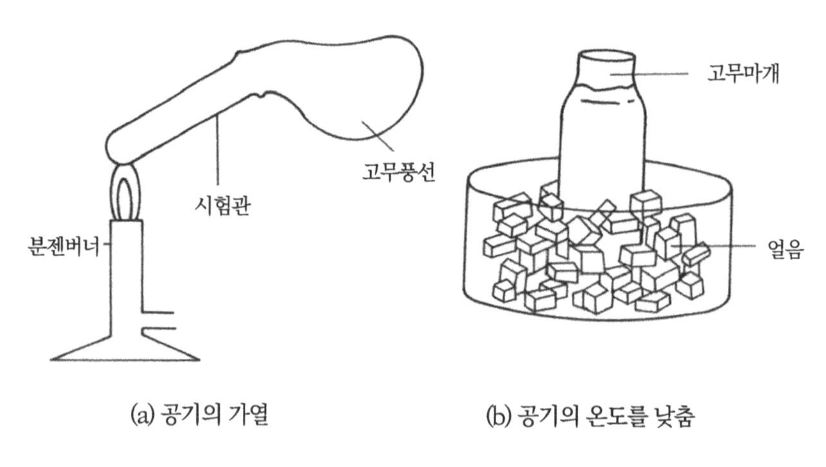

그림 3-7 | 온도에 따른 공기의 부피 변화 실험

그 양이 늘어나거나 줄어들 것으로 보통 예측한다. 그들은 〈그림 3-7(a)〉와 같이 시험관 한쪽에서 열을 가하면 공기의 양이 늘어나 풍선이 팽팽해진다고 대답한다. 그들은 또한 열이 가해진 기체는 그 양이 줄어 더 가벼워진다고 가정하기도 한다. 용기에 열을 가할 경우 그 압력이 늘어난다는 것을 알고 있는 학생조차도 그 원인을 물을 경우 열에 의해 공기가 압축되어 그렇게 된다고 대답하거나 열이 더 많은 양의 공기를 생성했기 때문이라고 대답한다. 또 다른 일부 학생들은 열을 가하면 공기는 확장되어 그 양이 더 많아진다고 생각한다. 위와는 반대로, 〈그림 3-7(b)〉에서와 같이, 얼음으로 기체의 온도를 낮추면 많은 학생이 그 부피가 줄어든다고 생각한다. 이러한 모든 사실은 어린 학생들이 기체의 부피를 그 양으로 혼동하고 있음을 보여준다. 이런 사실은 공기의 질량이 보존된다는 것을 이해할 수 있는 학생이 그다지 많지 않으며, 특히 기체의 온도가 변화되는 상황과 관련시켰을 때 기체의 특성을 이해할 수 있는 학생들의 수는 더욱 적다는 것도 보여 준다.

학생들은 온도의 차이에 따른 압력의 차이를 이해하는 데도 많은 어려움을 겪는다. 학생들은 온도가 높아질 경우 따뜻한 공기의 압박으로 압력이 높아진다고 대답하기 일쑤다. 그러나 그들은 온도가 낮아질 경우에는 압력이 낮아진다는 사실을 받아들이려 하지 않는다. 그들은 오히려 부피가 달라질 경우 압력에 차이가 있을 것이라는 것을 어렵지 않게 말한다. 즉 부피가 줄면 그 압력도 줄 것이라는 것이 그들의 보편적인 신념이다. 따라서 그들 가운데 많은 학생이 빈 병의 마개를 닫을 때와 열었을 때 병

안의 공기 압력이 다를 것으로 믿는다.

기체도 접촉하고 있는 면에 대해서 힘을 내는 특성을 지닌다. 고무풍선의 안쪽 면에는 항상 힘이 작용하며, 용기 안에 들어 있는 물 위에도 공기의 힘이 미친다. 기체가 미치는 힘의 방향은 항상 접촉면에 수직이고 언제나 기체의 안으로부터 접촉면으로 향한다. 이 때문에 기체의 힘 대신에 기체의 압력이라는 말이 더 보편적으로 쓰인다. 그런데 압력은 벡터양이 아니다. 기체의 평형상태를 결정하는 것도 벡터양이 아니라 온도를 포함한 스칼라양이다. 그러나 어린 학생들은 기체가 압력과 온도에 상관없이 언제나 이처럼 힘을 낸다는 사실을 잘 이해하지 못한다.

학생들이 기체의 힘과 압력을 이해하는 데 어려움을 겪는 원인은 그들이 적어도 세 가지의 중요한 점을 잘못 파악하거나 잘 이해하지 못하기 때문이다. 첫째로, 많은 학생이 운동하고 있는 기체만이 힘을 낸다고 생각한다. 이들은 맥박계로 맥박을 잴 때 팔에 감은 밴드가 부풀어 오를 경우 기체가 압력을 미친다고 생각하기도 한다. 반면에 팽팽한 상태에서 더 이상의 공기를 압축하지 않을 경우에는 압력이 없다고 대답하는 경우가 보통이다. 평형상태의 기체는 아무런 힘이나 압력을 미치지 않는다고 생각하는 것이다. 둘째로, 기체는 힘이 가해지거나 열을 받을 때만 힘을 미친다고 생각하는 학생들이 많다. 기체가 힘을 발휘하는 데는 반드시 외적 요인이 필요하다는 견해다. 그들은 특히 온도가 변할 경우, 그 온도에 따라 기체가 미칠 수 있는 힘의 크기가 변한다고 생각한다. 그들은 〈그림 3-7(a)〉와 같이 시험관 아래쪽에 열을 가할 경우 뜨거운 공기가 본래의 찬 공기를 풍선 안으로 밀어 넣어 풍선이 부푼다고 설명한다. 셋째로, 적지 않은 수의 학생들은 기체의 힘은 한쪽 방향으로만 작용한다고 본다. 그들은 운동하는 기체가 미치는 힘의 방향을 그 운동 방향과 일치시켜 보는 경향이며, 움직이지 않는 기체에 대해서는 그 원인을 온도의 변화에 두는 경향이다. 공기가 팽팽하게 들어 있는 풍선을 위에서 손가락으로 누를 때, 풍선 안에 있는 기체의 힘은 〈그림 3-8〉과 같이 중심으로부터 사방으로 미치지만 그들은 그 힘이 위에서 아래로 향한다고 주장한다.

학생들은 특히 기압과 관련된 상황에서 기체가 내는 힘의 존재를 인식하는 데 어려움을 겪는다. 이들에게 상황과 소재가 다른 문제가 주어졌을 때 그들은 다양한 응답을 하는 경우가 보통이다. 이를테면 〈그림 3-9〉와 같은 문제가 주어질 때 학생들은 대체로 다음과 같은 생각을 바탕으로 그 문제를 해결한다.

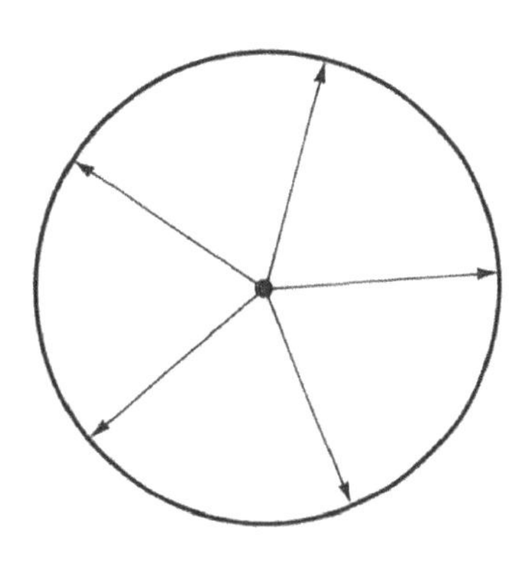

그림 3-8 | 기체의 힘 방향

- 대기는 압력차가 있을 때만 압력을 나타낸다
- 대기는 표면에만 압력을 미친다
- 진공은 압력을 흡수하거나 방출한다
- 공간은 반드시 채워진다
- 공기는 내부의 압력을 흡수하거나 밀어낸다

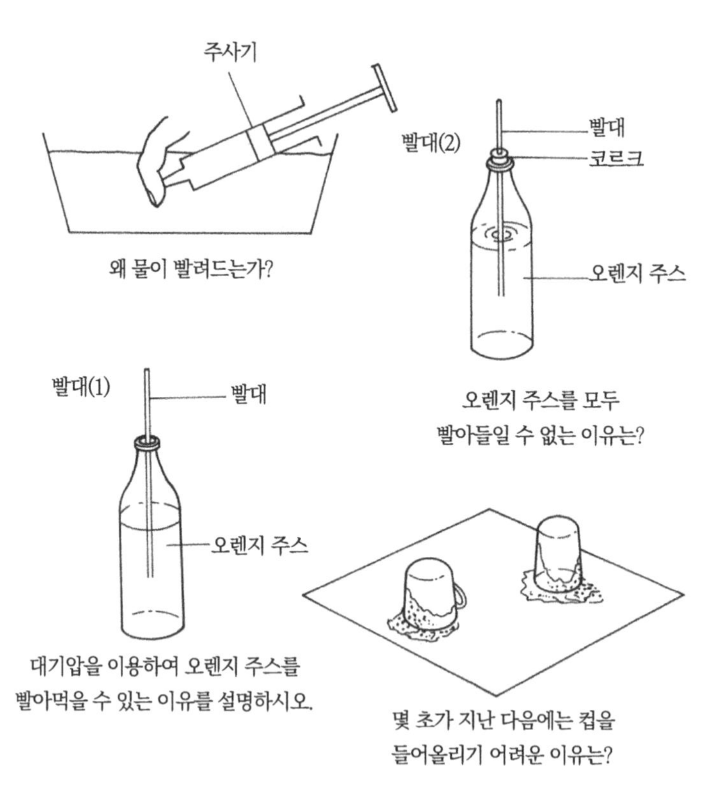

그림 3-9 | 대기의 압력을 알아보기 위한 과제

학생들은 〈그림 3-9〉와 같은 문제가 주어졌을 때 어느 것에 대해서도 하나의 원인이나 힘으로 해결하려 한다. 그들은 기체가 움직이는 방향으로 힘을 가할 경우 단 한 번에라도 즉시 가시적인 효과를 낼 수 있다고 본다. 그들은 대개의 경우 기체의 운동에 집중하고 그 성질에 따라서 기체 문제를 해결하는 경향이다. 즉 기체의 성질과 그 현상에 관한 문제를 기체가 지닌 힘이 아니라 그 운동에 의해서 해결하려 한다. 일반적으로 그들은 하나의 원인만을 생각하기 때문에 여러 요인이 상호작용하는 상황과 소재를 이용한 문제를 해결하는 데 어려움을 겪는다.

3. 물질의 입자성

현재 각급 학교에서 시행되고 있는 화학 교육의 주요한 목적 가운데 하나는 물질이 지니는 입자적 특성과 그 구조다. 물질의 입자설은 자연에서 일어나는 불연속적인 변화의 원인을 설명하기 위해 제시되었으며, 물질과 변화의 연속성에 대한 전통적 이론의 대안으로 제시되기도 했다. 물질과 변화의 연속설에 대한 대체설로 제시된 입자설이 19세기에는 비단 화학 분야뿐 아니라 생물과 물리학 분야에서조차도 연구의 주요한 대상이 되었다. 유전을 생식질의 작용으로 봄으로써 그 과정이 입자를 전달하는 기구에 의해 설명되었으며, 전기의 본성이 밝혀지기까지는 그것이 하전된 입자로 취급되기도 했다.

현대의 입자설은 양자설이 확립되고 그것이 원자의 구조를 규명하는 데 적용됨으로써 완성되었다고 볼 수도 있다. 한편 원자의 구조에 대한 여러 가지 가설은 전자가 입자임이 밝혀짐으로써 원자론으로 확립되었다. 전기분해 과정에서 전기가 흐르는 과정을 관찰한 헬름홀츠(Helmholtz, 1821~1894)는 1881년에 전기가 입자의 형태로 존재한다는 가설을 제시했으며, 그 10년 후에 스토니(Stoney, 1826~1911)는 그것을 전자로 명명했다. 전기가 낮은 압력 상태에서 기체를 통과하는 것을 관찰하는 방법은 곧 원자의 구조를 연구하는 방법이었다. 톰슨(Thomson, 1892~1975)은 기체를 흐르는 전기의 속성을 분석하는 과정에서 전자를 발견하고, 이를 바탕으로 화학적 원소들은 음전하의 전자들이 양전하의 입자들에 의해 뭉쳐져 있는 것이라고 가정했다. 러더퍼드(Rutherford, 1749~1819)는 톰슨이 말하는 양전하를 원자핵으로 확인하고, 그보다 한 걸음 더 나아가 원자는 그 무게의 대부분을 차지하는 원자핵과 그것을 둘러싸고 있는 전자로 구성되어 있다고 주장했다. 그런데 러더퍼드가 제시한 원자 모형은 물질의 기본적 구성요소가 원자, 즉 입자임을 보여 준다.

각종의 화학 교과서에 제시되어 있듯이 물질의 변화로 나타나는 모든 화학적 현상은 반드시 물질이 연속적인 것이 아니라 입자적인 특성을 지니고 있다는 것을 이해해야만 인과율적으로 설명될 수 있다. 물질이 지니는 입자적 특성은 고대 그리스 시대에도 제기되었다. 고대 그리스의 원자론자들은 물질이란 진공을 자유롭게 떠다니는 과정에서 서로 부딪치거나 엉키어 뭉쳐지는 원자들로 구성되어 있다고 보았다. 그러나 그들의 견해가 금

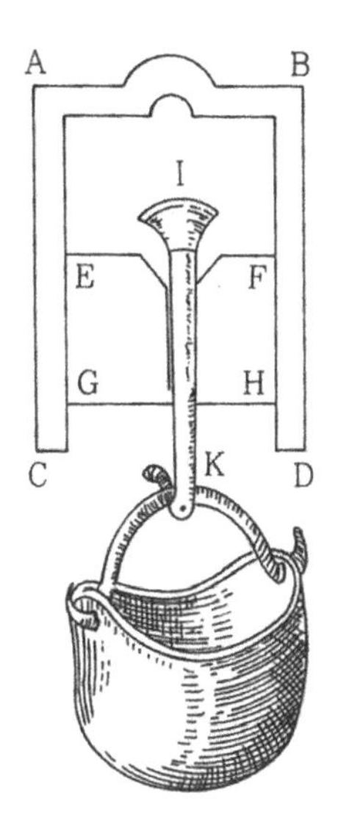

그림 3-10 | 갈릴레오의 진공 실험

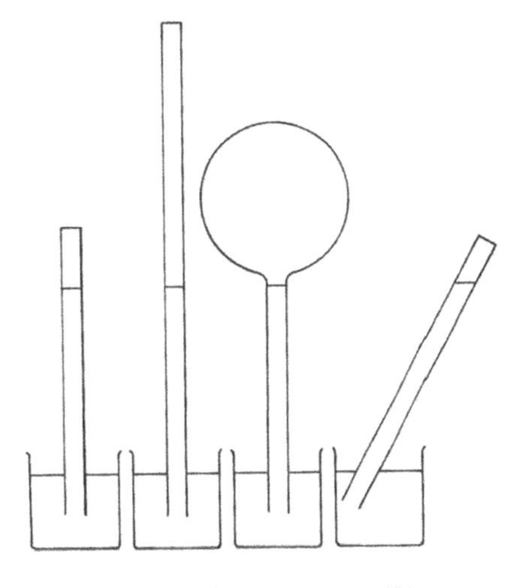

그림 3-11 | 파스칼의 진공 실험

세기 초까지의 자연철학자나 과학자들에 의해서는 쉽게 받아들여질 수가 없었다. 그들이 고대 원자론자들이 보인 물질관을 받아들일 수 없었던 주된 이유는 완전한 진공이란 있을 수 없다는 생각을 가졌기 때문이었다.

진공은 물질의 특성 및 운동과 관련하여 고대의 그리스 시대부터 자연철학자들의 주요한 관심 분야가 되었다. 원자론자들은 원자가 존재하고 운동하는 상태를 설명하기 위하여 진공의 존재를 가정할 수밖에 없었다. 반면에 아리스토텔레스는 만일 진공이 있다면 마찰력이 없어서 물체가 무한대의 속도로 떨어질 것이라는 가정을 전제로 진공의 존재 그 자체를 부정할 수밖에 없었다. 그러나 갈릴레오는 〈그림 3-10〉과 같은 장치를 이용하여 우주에 진공이 있을 수 있다는 것을 보였고, 파스칼(Pascal, 1623~1662)은 〈그림 3-11〉과 같이 수은과 유리 막대를 이용하여 진공의 존재를 증명했다.

고대의 자연철학자들은 물론이고 근대의 과학자들조차도 물질이 입자적 특성을 띠고 있다는 사실을 그토록 오랫동안 받아들일 수 없었던 또 하나의 이유는 그들이 일상적인 경험과 그것을 바탕으로 형성된 선입관을 통해서 그 특성을 파악하려 했기 때문이다. 이에 비추어 본다면 지적 경험의 범위가 한정되어 있으며 주로 그런 경험을 기초로 형성된 선행지식을 통해서 자연의 사물과 현상을 내면화하는 어린 학생들이 물질의 본질을 이해하기는 더 어려울 수밖에 없다는 것을 충분히 짐작할 수 있다. 특히 저학년 학생들이 기체상태의 물질이 지니는 특성을 이해하기는 더욱 어려울 것이다.

앞에서 살펴본 바와 같이 기체상태의 물질이 지니는 특성에 관한 연구는 현대의 화학이 발달할 수 있는 근거를 제공했으며, 물질의 입자적 특성을 밝힐 수 있는 결정적인 수단이 되기도 했다. 이 때문에 오늘날 일반화학 혹은 기초화학을 다루는 화학의 입문서들은 물질의 상태와 입자적 구성에 관한 지식이 발달한 과정을 첫째의 단원으로 설정하는 경향을 보인다. 여기서는 학생들이 물질의 입자적 특성 때문에 나타나는 현상들을 어떻게 파악하거나 이해하고 있는지에 관해서 살펴보고, 그들이 물질의 입자성을 이해하는 데 어려움을 느끼는 이유와 원인에 관해서 알아본다.

중학교 수준의 과학 교과서나 고등학교의 화학 교과서에는 물질의 입자적 특성 단원이나 장이 반드시 포함되어 있게 마련이다. 그 단원이나 장에서는 물질의 기체·액체·고체 상태, 밀도, 유동성, 확산, 화합 및 분해, 혼합 등의 개념이 포함되는 경우가 보통이다. 특히 물질의 입자적 특성을 다루는 장이나 절에서는 다음과 같은 개념을 이해시키는 데 일차적인 목적을 두고 있다.

- 기체는 눈에 보이지 않는 작은 입자로 되어 있다. 기체의 입자는 폐쇄된 공간에 고르게 퍼져 있다
- 기체의 입자들 사이에는 빈 공간이 있다
- 기체의 입자는 외부로부터 힘을 가하지 않더라도 움직이는 성질이 있다
- 두 가지의 서로 다른 기체가 상호작용을 통해 제3의 물질이 형성될 경

우 그것은 두 가지의 서로 다른 입자가 결합된 결과다

이 진술은 모든 물질이 입자로 구성되어 있다는 것을 받아들여야만 이해할 수 있는 특성을 나타낸다. 그러나 학생들은 이와 같은 속성을 잘못 평가하고 있는 경우가 일반적이다. 대다수 학생들은 첫째의 측면, 즉 공기는 입자로 구성되어 있다는 것은 잘 알고 있다. 그러나 공기의 입자가 공간에서 어떻게 구성되어 있는가에 관해서는 확실하게 알지 못하는 경우가 보통이다. 공기가 입자들로 구성되어 있다고 생각하는 학생들에게 〈그림 3-12〉와 같이 주사기를 이용하여 플라스크 안의 공기를 조금 빼내면 공기가 어떻게 분포할 것인지에 관하여 물었을 때 그들은 〈그림 3 -13〉의 (a)와 (b)처럼 여러 가지 내용으로 대답한다.

〈그림 3-13〉에 나타낸 바와 같이 공기와 입자에 관한 물음에 대해서도 학생들이 제시한 대답은 다양하다. 그러나 그들의 생각은 〈그림 3-13〉의 (a)와 같이 물질이 연속적이라고 보는 관념과 〈그림 3-13〉의 (b)와 같이 물

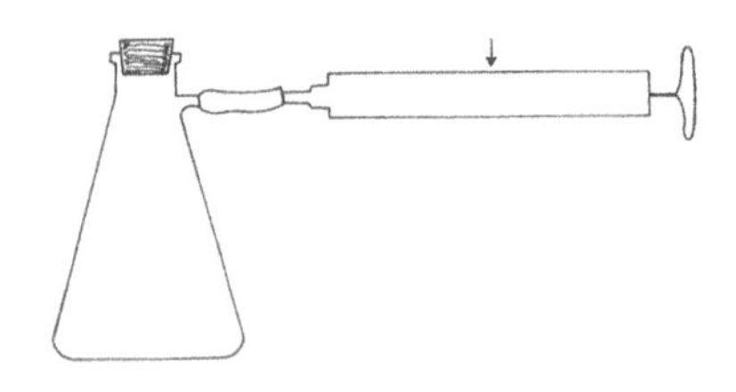

그림 3-12 | 공기의 성질을 알아보기 위한 문제

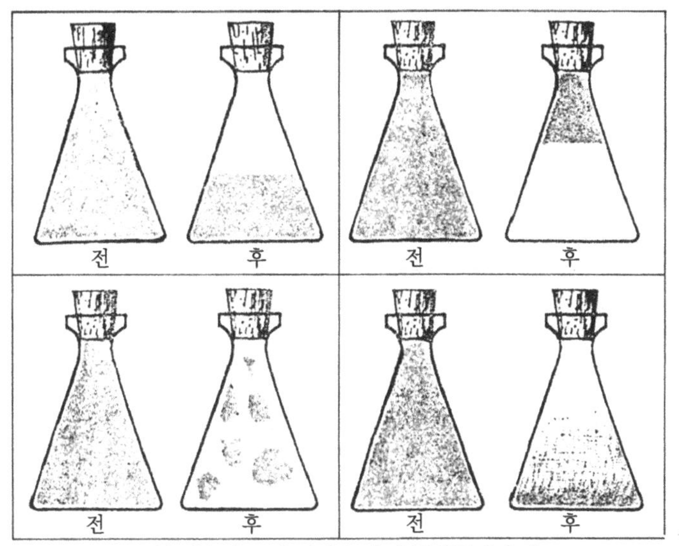

(a) 연속적 물질 개념을 가진 학생들의 응답

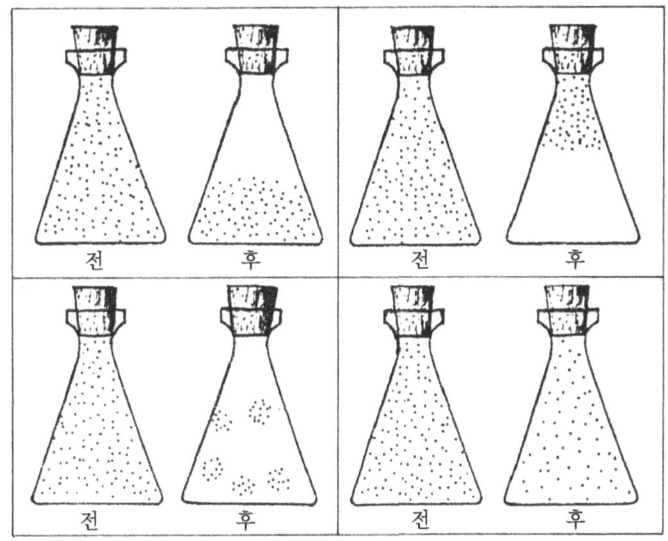

(b) 입자적 물질 개념을 가진 학생들의 응답

그림 3-13 | 공기의 성질을 알아보기 위한 문제

질은 어느 것이나 반드시 입자로 구성되어 있다고 보는 관념으로 크게 나뉜다. 모든 물질은 입자로 구성되어 있다고 보는 학생들 가운데에서도 대다수의 학생들은 입자가 삼각플라스크 안의 공기 중에 균일하게 분포되어 있다고 주장하지만, 입자들이 삼각플라스크 안을 차지하는 공간의 특정 부위에 집중적으로 모여 있다고 가정하는 학생들의 수도 적지 않다.

그들 중에서 많은 학생이 입자들 사이에 무엇이 있겠느냐는 물음에 올바로 대답하지 못한다. 그들이 공간 개념 자체를 이해하지 못하거나 그것을 공기와 혼동하고 있기 때문이다. 입자들 사이에 무엇이 존재하겠느냐고 어느 정도 강압적으로 다시 질문하면 그들은 '먼지나 다른 입자들이 있을 것이다', '산소나 수소와 같은 다른 기체들이 있다', '입자들이 꽉 붙어서 그것들 사이에 공간이 없다', '공기 아니면 더러운 먼지나 병균들로 채워져 있다', '알려져 있지 않은 증기로 차 있다', '입자들이 빈 공간으로 확장되어 있어서 공간이 있을 수 없다' 등과 같이 확실한 증거나 타당한 이유를 제시할 수 없는 직관적인 생각을 말한다.

입자는 고유한 운동성을 지닌다는 생각도 학생들이 이해하기 어려운 개념들 가운데 하나다. 그들은 입자가 스스로 움직이는 것을 이해하지 못한 채 그 원인을 입자의 외부로부터 주어지는 영향에 둔다. 어떤 학생들은 입자가 움직이고 싶어서 움직인다고 말함으로써 물활론적이거나 목적론적인 생각을 드러낸다. 그들은 입자는 매우 가볍기 때문에 자연히 위로 올라간다고 대답하기도 하는데, 이 생각은 물질이 제자리로 돌아가려는 성질이 있다고 주장했던 아리스토텔레스의 생각과도 일치한다. 특히 저학년의 중학생들은 물질이 빈 공간마다 흡수되어 공간이란 사실상 있을 수 없다고 주장함으로써 아리스토텔레스의 또 다른 생각을 나타내기도 한다.

학생들은 물질의 특성을 입자설에 따라 설명하지만 기본적으로는 연속적인 관념을 말하는 경우도 드물지 않다. 주로 물질의 화합과 생성에 관한 학생들의 생각이 이에 해당된다. 이런 학생들은 학교에서 배운 지식, 즉 입자의 모형에 따라 물질의 변화를 설명하고는 있지만, 그들의 생각 내면에는 일상적인 생활 과정과 그 과정에서 겪은 경험을 통해서 획득한 직관적 관념을 그대로 유지하면서 대체로 해결하기 어려운 문제는 그런 내면적 관념을 통해서 해결하려 한다. 학생들이 일상적인 경험을 통해서 돌이나 나무, 그리고 물속에 공간이 있다는 것을 파악하기는 어렵다. 즉 학생들은 물과 같은 물질도 연속적인 것이 아니라 공간을 자유롭게 움직이는 입자들의 모임이라는 것을 쉽게 이해하지 못하며, 따라서 입자적 특성에 따라 어렵지 않게 이해할 수 있는 물질의 화합과 분해도 잘 이해하지 못한다.

4. 물질의 보존

학생들이 일상적으로 접하는 화학적 반응과 그 현상들 중에는 비가역적인 과정에 따라 일어나는 것들이 적지 않다. 물질의 연소 과정이 이를 비교적 잘 보여주는 한 예다. 나무가 타고 나면 남는 것은 재뿐이다. 촛불의 경우 시간이 지남에 따라 초의 양이 줄어든다. 이러한 예는 그 반응이 비가역적이며, 물질이 없어지는 것을 그대로 보여 줌으로써 학생들로 하여금 물질은 화학적 반응을 거치면서 없어진다는 관점을 갖게 하는 현상이다.

이와 같이 비교적 흔한 경험을 바탕으로 형성된 직관적 사고방식이나 사전지식을 가진 학생들은 어떠한 화학 반응을 거쳐도 물질의 기본 단위가 보존된다는 사실을 이해하는 데 어려움을 느낀다. 그들은 모든 물질은 원자라고 하는 기본 단위로 구성되어 있다는 것을 일찍이 학교에서 배워 비교적 잘 알고 있다. 그러나 한 물질이 다른 물질과 반응하는 과정에서 또 다른 물질이 들어가거나 나올지라도 원래의 물질을 이루는 기본 단위는 보존된다는 사실을 이해하는 데는 어려움을 겪는다. 따라서 그들이 물질의 외견상 성질이 변화되는 것은 그 물질을 구성하는 원자들의 배열과 에너지가 달라지기 때문이라는 것을 이해하는 데 더 큰 어려움을 겪게 된다.

특히 중학생들은 물질의 상태가 변화되는 것과 같이 관찰 가능한 거시적인 현상이나 물리적인 변화를 통해서조차 물질의 보존 개념을 잘 이해하지 못한다. 대다수의 학생들은 물—수증기—얼음의 상태에 상관없이 그 구성요소는 본질적으로 물이라고 생각하지만, 어떤 방법과 과정에 따라 물의 상태가 변하는지에 대해서는 학생들마다 상이한 견해를 제시한다. 그들이 물의 상태가 변화되는 과정을 설명하는 데 가장 흔히 적용하는 기본관점은 열과 운동에 관한 것이다. 즉 분자들은 열을 가하면 운동이 빨라지고 기체로 변한다는 생각이다. 그들은 이 견해에 따라 물에 열을 가하면 물분자가 커지거나 운동이 빨라지면서 떨어져 나가 수증기가 된다는 생각을 자주 나타낸다. 그들에 의하면 물분자가 평소에는 뭉쳐 있다가 높은 열이 가해질수록 서로 멀리 떨어진다는 것이다. 그들은 얼음과 물의 입자도 같은 것이며, 얼음 상태에서는 붙어 있다가 온도가 올라가면 떨어져 물이 된다고 본다. 학생들은 물의 상태가 변함에 따라 입자, 즉 물분자들의 사이가 떨어진다는 것을 배워서 익히 알고는 있으나 잘못 이해하고 있는 경우가 없지 않다. 〈그림 3-14〉는 학생들에게 물의 상태별 입자의 모양과 거리를 그림으로 나타내 보라고 말했을 때 그들이 제시한 그림이다. 〈그림 3-14〉는 두 학생의 것이지만 많은 학생이 이와 비슷하게 그린다. 〈그림 3-14〉로부터

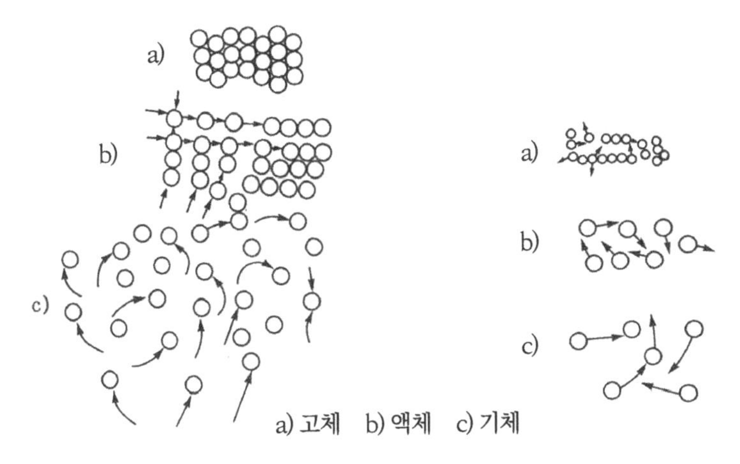

그림 3-14 | 상태별 입자의 크기와 입자 간 거리를 나타내는 학생들의 생각

알 수 있듯이 액체나 기체의 입자가 고체의 것보다 더 크다. 그뿐만 아니라 각 상태별 입자들 사이의 상대적 거리, 즉 고체:액체:기체의 비를 1:1:10 대신에 대부분 1:2~3:5~8 정도로 나타낸다.

대다수의 중학생들은 물과 같이 상온에서 액체 상태로 존재하거나 강철판처럼 고체로 존재하는 것을 포함한 모든 물질이 반드시 입자로 구성되어 있다는 것을 잘 알고 있다. 그러나 그 특성을 완전히 파악하고 있지 못하기 때문에 그 지식을 상황이나 문제에 따라 다르게 적용한다. 그들은 물과 얼음이 같은 입자이지만 온도가 올라가면 확장되거나 서로 떨어진다고 본다. 또 물에 설탕을 타면 설탕이 녹아 없어지기 때문에 설탕물의 무게와 부피가 설탕을 타기 전의 물과 같다고 생각하기도 한다. 게다가 용해 현상을 녹는 현상과 혼동하기도 한다. 학생들은 물이 설탕을 녹이는 역할을 한다고 대답하거나 설탕이 물분자에 결합되어 새로운 생성물이 형성된다고 말한다.

현대의 화학은 연소 문제가 해결됨으로써 완성되었다고 말할 수도 있다. 연소가 전문적인 용어로는 공기 중에서 타는 현상 또는 열이나 빛이 수반되는 산화반응으로 정의되지만 일반화학에서는 열에너지의 이동 혹은 기체의 흐름과 관련된 문제로 취급되기도 한다. 일반적으로 연소 현상은 가시적으로 지각할 수 있는 특성과 크게 다른 추상적인 속성을 지니기 때문에 그것에 대한 직관적 관념, 즉 학생들이 오인하기 쉬운 화학 개념의 하나다. 학생들에게 얇은 나무 조각이 타는 것을 보여 주면서 그 나무에 어떤 현상이 일어나느냐고 물으면, 그들은 불꽃, 연기, 재 등과 같이 일상적으로 흔히 쓰이는 용어를 빌어 그 현상을 서술하거나 설명한다. 연소에 대한 연구의 결과를 분석해 보면 그들의 표현에 대체로 다음과 같은 생각이 깔려 있음을 알 수 있다.

- 탄다는 것은 불꽃을 내고 빨갛게 되는 것이다
- 타는 데는 산소나 공기가 필요하다(왜 그런지는 잘 모른다)
- 타면 가벼워진다
- 타면 연기가 나고 타는 물체의 일부 물질이 연기와 함께 사라진다
- 타다 남은 재는 비가연성 물질이다

특히 두 번째 생각은 학생들이 흔히 듣거나 배워 익히 알고 있는 화학적 지식이다. 그러나 연소에서 산소의 역할을 잘 알지 못하기 때문에 산화에 관한 문제나 연소의 현상과 관련된 구체적인 문제에 대해서는 직관적으로 해결하려는 경향을 나타낸다. 타고 있는 촛불을 컵으로 덮으면 곧 꺼지는데, 그 이유를 물으면 대다수의 학생들은 촛불이 컵 안의 산소를 모두 태웠기 때문이라고 대답한다. 그들에게 탄소는 잘 타지만 검은 가루인 산화구리가 타지 않는 것을 보여 주고 그 이유를 물으면, 대다수의 학생들은 산화구리가 타지 않는 어떤 물질을 포함하고 있기 때문이라고 대답하거나, 보통의 물질이 타다가 결국에는 꺼지는 현상을 근거로, 산화구리는 타는 것이 이미 끝났다고 말한다. 대답한 중학생들 중에 산화구리는 이미 산소와 결합되었다고 정답을 말하는 학생은 극소수에 불과하다.

이처럼 학생들이 연소에는 화학적 결합이 관련되어 있다는 사실을 잘 이해하지 못하는 이런 현상은 연소와 질량과의 관계에 대한 문제의 해결 과정에서도 잘 나타난다. 많은 학생이 불로 태운 철사의 무게가 늘어날 것이라고 예측은 하지만, 그들 중 대다수는 철과 산소가 결합하여 그렇게 된다는 것을 알지는 못한다. 나머지 학생들은 검댕이 묻어 더 무거워진다고 대답하거나 겉보기에 아무런 변화가 없는 것을 보고 무게에도 변함이 없을 것이라고 말한다. 심지어는 무게가 더 가벼워질 것이라고 말하는 학생들도 있다. 그들은 나무가 타면 연기로 없어지듯이 쇠도 타면 무엇인가 없어져 가벼워질 것이라고 생각한다.

이런 생각들은 물체가 타면 연기로 사라지고 남는 것은 재뿐이라는 직관적 관념의 표현이다. 따라서 이러한 직관적 관념을 가진 학생들은 금속에 녹이 스는 현상을 이해하는 데 어려움을 겪는다. 공기 중에 오랫동안 방치해 둔 녹이 슨 못을 보여 주며 그 무게의 변화를 물을 때 많은 학생이 무게에 변함이 없다거나 녹이 철을 먹었기 때문에 더 가벼워졌을 것이라고 대답한다. 더 무거워졌을 것이라고 대답하는 학생 중에서도 적지 않은 수의 학생이 원래의 못에 녹이 합해져서 더 무거울 것이라고 대답한다. 그들은 녹이 못의 철과 산소가 결합된 산화철이며 철에 산소가 결합되어 더 무거워진다는 것을 쉽게 깨닫지 못한다. 일반적으로 학생들은 물체가 타면 반드시 무엇인가 없어진다는 생각을 가지고 있으며, 이 생각을 바탕으로 연소와 관련된 문제를 해결한다. 이런 학생들에게는 우주선 안에서 담배를 피우면 더 가벼워질 것이라는 생각이 당연시된다. 그들의 생각에는 담배는 타면 그보다 더 가벼운 연기로 사라지고, 산소도 그만큼 타서 없어지기 때문이다.

이상과 같은 사실로부터 몇 가지의 시사점을 이끌어 낼 수 있다. 대다수의 학생들은 물질의 실체적 속성을 잘 인식하고 있다. 물—수증기—얼음과 같이 겉보기에는 본질적인 변화처럼 보이는 변화에도 실질적으로는 변하지 않는 어떤 실체가 있다는 것을 인정한다. 다만 그 본성으로부터 파생되는 구체적인 현상을 잘못 이해하는 경우가 보통이다. 그들은 무엇보다도 질량을 무게나 부피와도 혼동한다. 과학 수업 시간에 흔히 그렇듯이 많은 학생이 무게를 상황에 따라 다른 것으로 인식한다. 그들은 무게가 언제나 밀도와 관계되어 있는 것처럼 생각하고 같은 물질일지라도 가루 형태의 것이 고체 상태일 때보다 가볍다고 말한다. 그들은 무게를 뜨는 성질과 관련시켜 인식하기도 한다. 그들은 공기가 물질이 아니어서가 아니라 가볍고 위에 뜨기 때문에 전혀 무게가 없다고 생각한다.

이와 같은 기본적 인식은 그들이 물질의 양, 본질, 질량 등을 이해하는 데 장해요인으로 작용한다. 이들은 비록 그 상태가 변화될지라도 변하지 않는 본질이 있다는 것을 가정하면서도 어떤 반응은 가역적이며, 기본적 구성요소들은 변하지 않는다는 사실을 쉽게 수긍하지 않는다. 이는 직접적인 관찰을 통해서 지각할 수 있는 것이 아니라 그 현상과 외견상 관계가 없는 것처럼 생각되는 속성이 관련되어 있기 때문이다. 설탕이 물에 녹아 설탕물이 될지라도 설탕이 아직 물속에 있다는 것을 인식하는 데는 설탕물의 맛을 알아야 하며 물이 증발하면 어떤 현상이 일어난다는 것,

즉 그 안에 녹아 있던 물질이 나타난다는 것도 알고 있어야 한다. 이처럼 학생들이 지각적으로 확실한 현상으로부터 그보다는 덜 분명한 측면으로 이동하는 데는 그들의 상상력이 요구된다. 이는 결국 학생들이 사물의 본질에 의해 나타나는 현상 중에서 한정된 측면만을 지각하고 그에 따라 그 본질을 인식하게 된다는 것을 뜻한다.

결론적으로 학생들은 화학교사들이 바라는 대로 원자와 분자의 의미를 개념화할 수 있으며 부호를 사용하여 그 본질을 표상화할 수도 있다. 그러나 화학교육 현장에서는 그렇지 못한 경우가 많다. 특히 실제의 생활과 관련된 물리·화학적 현상을 제시할 경우 학생들은 배운 물리·화학적 지식이 아니라 일상적인 경험을 통해서 획득한 직관적 관념을 이용하여 이해하려는 경향을 나타내기도 한다. 이는 과학 수업 시간에 고려되어야 할 것은 학생들이 이론적 관념이나 모형을 어떻게 혹은 어느 정도 이해하고 있는지가 아니라 학생들이 주어진 내용으로 실제의 자연현상을 해석하는 데 그것이 유용하다고 보는지 또는 적절하다고 생각하는지에 있음을 암시한다.

4장

잘못 알기 쉬운 생물 개념

생물학은 생물의 기능·구조·발달·분포와 생명의 현상을 탐구하는 학문으로서 그 지식은 대체로 물리·화학의 지식보다 더 구체적이고 개념적인 특성을 지닌다. 한편 학생들이 잘못 알기 쉬운 과학지식은 대체로 구체적인 개념보다는 추상적인 법칙과 원리, 그리고 이론이다. 따라서 학생들이 생물학 개념보다 물리·화학적 개념 및 법칙과 이론을 이해하는 것이 더 어려울 수밖에 없다. 학생들이 배우기 어려워하는 생물학 개념도 그 속성상 이론적인 것에 한정된다. 이 장에서는 생물학이 어떻게 발달했는지 대강 살펴본 다음 광합성, 영양소, 순환, 유전과 진화 등 비교적 추상적인 생물 개념의 특성과 학생들이 이런 개념을 학습하기 어려워하는 이유에 관하여 고찰한다.

1. 생물학의 발달

인간은 먼 옛날부터 생물과 밀접한 관련을 맺어 왔다. 특별히 생물에 대한 고대인들의 생각과 지식은 사람이 살아가기 위해 필요한 먹이가 되는 동물과 식물, 병을 치료하거나 고치기 위한 약초 등에 관한 지식과 실제의 해부학적 지식이 그 주류를 이루었다. 이 당시에는 다른 지식과 마찬가지로 생물학 지식도 대부분 직관이나 경험을 통해서 얻었다. 특히 고대의 그리스 시대에는 유치한 수준이지만 동물과 식물의 분류체계를 구성할 만큼 생물학이 체계적으로 발달하기 시작했다. 고대의 그리스 시대 말까지는 생물학적 지식이 여러 가지 생명 현상을 설명하는 데 이용될 수 있을 정도로 체계화되기도 했다. 생물이 의식주에 대한 실용상의 목적을 떠나 순수한 지적인 흥미와 관심의 대상이 됨으로써 학문적인 입장에서의 생물에 관한 지식이 집적되기 시작한 때가 바로 고대의 그리스 시대였다.

고대의 생물학이 비록 박물학의 수준에 지나지 않았고 그 대상도 자연철학의 범주를 벗어나지는 못했지만 고대의 그리스 시대에는 적어도 세 갈래의 학문적 전통이 이어졌을 만큼 활발하게 연구되었다. 첫 번째 전통은 이른바 자연사 전통이었다. 이 전통에서는 생물학의 주된 관심사가 지역에 자생하는 동식물에 관한 지식을 수집하고 획득하는 데 있었다. 야생의 동식물에 관한 정보와 가축을 기르면서 얻은 자료는 생물학의 지식에 긴요한 구성요인이 되었으며, 후에 비교해부학과 의학이 발달하는 계기가 되기도 했다. 두 번째 전통은 탈레스(Thales, B.C. 640?-546?), 아낙시메네스(Anaximenes, B.C. 585~528?) 등 전통적 자연철학자들에 의해 이어진 그야말로 과학적 전통이었다. 이 전통에서는 자연에서 일어나는 모든 현상의 원인을 신이나 절대자가 아니라 자연의 원리 혹은 자연에 존재한다고 생각되는 보편법칙에 따라 설명하려는 경향을 나타냈다. 따라서 생명현상의 출처와 원인도 자연의 보편적 원리에 따라 설명하려고 했다. 세 번째의 생물학적 전통은 히포크라테스(Hippocrates, B.C. 460?~377?)가 그 원조로서 소위 생물의학(biomedical)학파가 주류를 이루었다. 이 전통에서는 생물에 관한 해부학적·생리학적 지식과 이론이 주로 개발되었다. 이 전통은 갈렌(Galen, 129~199)에 의해 이어졌으며, 문예부흥기에 다시 활발하게 연구되기 시작한 해부학과 생리학에 그 기틀을 제공했다.

비록 고대 그리스 시대의 과학이 오늘날까지 찬란히 빛날 만큼 발달되었지만, 중세 이전까지는 모든 분야의 과학이 확립되지 않은 박물학 시대로 일컬어진다. 이 기간에는 진정한 의미의 과학이 없었으며, 다른 분야와 마찬가지로 생물학도 자연철학의 대상이었다. 아리스토텔레스나 티오프라스투스(Theophrastus)와 같은 위대한 자연철학자들이 나와 생물학의 발달에 현저한 업적을 남기기도 했으나 그들의 업적은 종교적 제약이나 전통적인 관습 때문에 박물학의 수준에 머무를 수밖에 없었다. 또한 그들이 가진 세계관도 다분히 물활론적이고 목적론적인 것이어서 자연의 현상을 철저하게 인과율에 따라 설명할 수는 없었고 단지 기술하는 정도에 한정되기도 했다. 더군다나 그들의 세계관이 당시의 보편적 신념이었던 신비주의를 벗어날 수 없어 자연현상에 대한 기계론적 설명이 어려울 수 밖에 없었다.

로마가 유럽을 점령한 이래 중세는 과학사적으로 암흑기에 해당된다. 이 기간에는 생물학에도 획기적인 발전이 없었으며, 성경의 해석과 아리스토텔레스 및 갈렌의 업적만이 생물학과 관련된 여러 분야에서 절대적인 영향력을 미치고 있었다. 현대의 지식과는 어긋나는 것이 대부분이기는 하지만, 생물과 생명 현상에 대한 일반법칙은 아리스토텔레스에 의해서 확립되기 시작했다. 한편 중세의 의학 분야에 관한 한 갈렌의 업적이 미치는 영향력은 아리스토텔레스의 것에 못지않게 컸다. 그러나 그의 업적도 오류투성이로 근대의 의학과 생물학의 발달에 부정적인 영향을 끼치기도 했다. 그는 혈액이 〈그림 4-1〉과 같이 심장근을 통해 우심실에서 좌심실로 자유롭게 이동할 수 있다고 보았으며, 숨쉬기의 일차적인 목적은 이런 과정에서 뜨거워진 혈액과 심장을 식히는 데 있다고 주장했다.

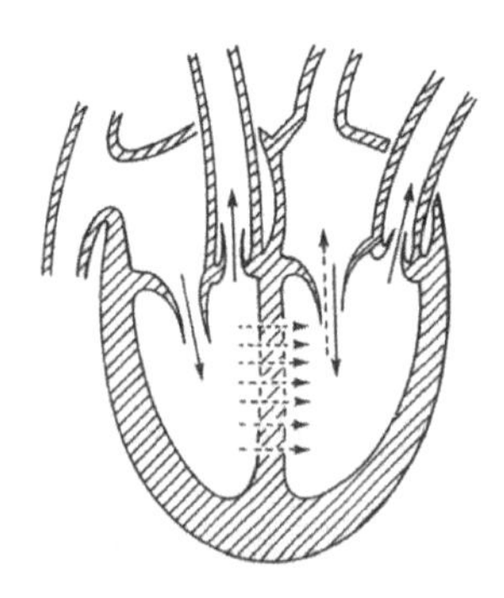

그림 4-1 | 갈렌이 제시한 혈액의 이동과 순환 개념

문예부흥기에는 자연사와 해부학이 의학과 더욱 밀착되었으며, 약에 관심을 가진 자연철학자들과 자칭 의사들이 실질적인 생물학자였다. 문예부흥기 이후에 일어난 과학혁명은 생물학의 발달에도 새로운 전기를 마련해 주었다. 과학혁명기에는 생물학에서조차도 순전히 논리적 추론으로 진리를 찾고자 했던 스콜라 철학자들의 접근법을 부정하고 베이컨의 귀납법을 과학적 방법으로 받아들여 생물학적 현상에 대한 사실을 수집하고 관찰했다. 또 실험과 같은 경험을 통해서 자연법칙을 발견하려는 풍토가 조성되었다. 더욱이 데카르트가 확립한 기계론적 세계관은 모든 생명현상을 자연의 보편법칙에 따라 설명하려는 경향을 낳았다. 특히 하비(Harvey, 1578~1657)가 갈렌의 주장을 부정하고 그 대안으로 제시한 혈액순환설은 생물학도 기계론적 세계관에 따라 연구되기 시작하는 출발점이 되었으며, 아리스토텔레스의 생물학적 업적이 부정되는 결정적인 계기가 되었다.

문예부흥기에 이어 태동한 16~18세기의 계몽주의도 생물학이 획기적으로 발달할 수 있는 계기를 마련해 주었다. 16세기에는 인체에 대한 해부학적 연구가 활발히 수행되었으며, 17세기에는 현미경의 발명으로 여러 가지 미생물이 확인되고 생물의 미시적 세계가 밝혀지기 시작했다. 또한 데카르트의 기계론적 세계관과 뉴턴의 역학에 자극을 받아 생물체의 구조와 그 체내의 현상에 대한 기계론적 관념이 강해져 생리학과 세포학도 발달했다. 18세기에는 생물의 다양성에 대한 지식이 증가하여 그것을 바탕으로 스웨덴의 린네(Linné, 1707~1778)가 분류학을 확립할 수 있었으며, 뷔퐁(Buffon, 1707~1788)에 의해 생물의 진화에 대한 생각이 싹트기 시작했다.

근대적인 의미의 과학은 목적론적 세계관을 버리고 기계론적 세계관을 도입함으로써 발달했다고 말할 수 있으며, 이런 의미에서 생물학은 물리학과 화학에 비해 각각 약 1세기와 2세기 정도 늦은 19세기에 확립되었다고 생각할 수 있다. 앞에서 지적했듯이 기계론이 생물학에 처음으로 적용된 것은 17세기 하비에 의해서였다. 하비는 면밀한 관찰과 실험을 통해서 혈액은 심장의 기계적인 운동에 의해 심장에서 나와 온몸을 돈 다음 다시 심장으로 돌아온다는 혈액순환설을 제시했다. 그는 〈그림 4-2〉와 같은 간단한 실험을 통해서 정맥에는 밸브가 있어 피가 거꾸로 흐르는 것을 방지한다는 사실을 입증했다. 그런데 하비가 제시한 혈액순환설은 비

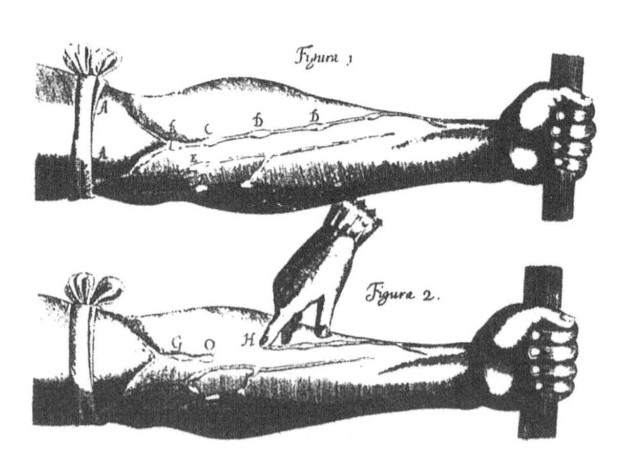

그림 4-2 | 정맥에 밸브가 있다는 것을 보여 주는 하비의 실험

단 기계론적 자연관이 생물학에 도입되었다는 사실을 입증하는 것만이 아니라 아리스토텔레스의 업적과 그의 세계관을 부정하는 근거가 되기도 했다.

19세기는 자연과학에 기계론이 도입됨으로써 과학의 세기로 불릴 만큼 모든 분야의 학문이 크게 발전했다. 생물학도 이 기간에 박물학에서 탈피하여 물리·화학적 법칙과 이론에 기반을 둔 근대의 생물학으로 형성되었다. 그러나 이때의 생물학은 물리학 및 화학과는 다른 방법과 과정을 통해 발달했다. 당시의 사상적 변화가 물리·화학 분야에는 비교적 긴 기간에 걸쳐 특정 영역의 지식체계가 발달할 수 있도록 영향력을 미쳤으나, 생물학에서는 특정 영역이 발달한 기간보다는 특정 생물학적 이론이 확립된 연도를 지칭할 수밖에 없는 방식으로 그 영향력을 미쳤다. 그러므로 생물학은 기껏해야 1828년에 발생학이, 1839년에 세포학이, 1859년에 진화론이, 그리고 1900년에 유전학이 발달했다는 식으로 말할 수밖에 없다. 물리학과 화학이 대체로 추상적인 법칙과 이론, 그리고 그 체계로 이루어져 있음에 비해 생물학은 구체적인 개념들로 그 지식체계가 구성되어 있기 때문이다.

물리·화학계에는 다른 과학 분야와 마찬가지로 현대의 생물학도 기계론적 자연관으로 특징지어진다는 생각이 보편적이다. 17세기 이래로 생물학이 기계론적 관점에 따라 획기적으로 발달했으며, 그 과정에서 목적론적 세계관을 탈피했기 때문이다. 그러나 생물학계와 심리학계에서는 기계론적 관점을 통해 생물학의 본질을 정확하게 나타낼 수 있다고 보는 실증주의의 극단적인 입장을 취하는 환원주의 인식론에 관해 의문을 제기하고 있다. 특히 대다수의 현대 생물학자들은 비록 생물체가 무생물체를 이루는 물질로 이루어져 있지만 모든 생물학적 현상이 물리·화학적 법칙과 이론만으로 설명될 수는 없다고 본다. 그들은 생물체를 이루는 구성요소에 대한 분석을 통해서는 생명의 본질을 파악하기 어려우며, 오히려 생물체를 이루는 구성요소가 생물체의 전체적 특성에 의해서 의미를 가진다는 견해를 나타낸다.

2. 광합성

광합성은 빛 에너지를 공급받아 식물체 내에서 여러 가지 무기물로부터 유기물을 합성하는 작용으로 탄소동화 작용의 한 가지 과정을 일컫는다. 흡열반응인 광합성의 특성과 그 과정은 생물학보다는 화학이 발달함으로써 세부적으로 밝혀졌다. 18세기의 과학자들 특히 의화학자들은 기체의 본질에 주된 관심을 두고 자연에서 식물의 역할을 연구 대상으로 삼았으며, 광합성을 기체 역학의 한 분과로 취급했다. 한편 19세기에는 화학이 더욱 발달함으로써 광합성에 대한 관심이 식물의 화학적 활동과 탄수화물의 합성으로 집중되었다.

식물의 기체교환에 대해 특기할 사항은 동물과 마찬가지로 식물도 숨을 쉬며 공기와 물로부터 영양물을 흡수한다는 생각이다. 이런 전통적 견해를 받아들인 18세기의 헤일스(Hales, 1677~1761)는 광합성과 호흡을 혼동한 채 식물이 낮에는 증발하고 밤에는 흡수한다고 믿었으며, 식물도 숨을 쉰다고 생각했다. 특히 식물도 동물과 마찬가지로 숨을 쉰다는 그의 생각은 기체의 본성에 대한 화학자들의 연구를 자극했다. 화학자들이 기체의 본성에 대해 연구하는 과정에서 프리스틀리가 광합성의 결과로 산소가 생성된다는 것을 알아냄과 동시에 산소를 발견하고(1772년), 식물은 더러운 공기(탄산가스)로 플로지스톤이 없는 신선한 공기, 즉 산소를 만든다고 주장했다. 그의 뒤를 이어 잉겐호우스(Ingenhousz, 1730~1799)는 1779년에 이와 같은 식물의 작용이 동물의 호흡작용과 상보적인 관계가 있다고 보았다. 즉 동물의 호흡으로 더러워진 공기는 식물의 먹이가 되며, 식물은 동물에 깨끗한 공기를 제공한다고 생각했다. 그는 광합성이 식물의 녹색 부분에서만 일어나며 반드시 빛이 필요하다는 것도 알아냈다. 한편 스위스의 생물학자 제네비어(Senebier, 1742~1809)는 1782년에 식물이 광합성 과정에서 탄산가스를 흡수한다는 사실을 스스로 고안한 실험을 통해서 밝혀냈다.

19세기에는 생리학이 발달함에 따라 생물학자들의 연구 관심이 대기에서 탄소가 제거되는 과정에 집중되었다. 그 과정에서 식물이 성장하는 데는 반드시 빛이 필요하다는 사실이 확증되었으며, 광합성에서 엽록체의 중요성도 확인되었다. 동물과 식물의 호흡에 의한 대기의 순환에 관한 관심은 사라지고, 그 대신 탄소의 고정과 식물에 의한 유기물의 합성을 다루는 생화학적 연구가 활발하게 이루어졌다. 작스(Sachs, 1832~1897)는 이 전통을 이어받아 잎에서 공기를 흡수하는 장소를 조사했으며, 잎에서 녹말을 포함한 유기물을 합성하는 생화학적 과정도 분석했다. 이들의 연구 과정에서 식물은 태양의 빛 에너지를 획득하여 이용하는 과정의 일차적 매개체라는 것이 알려졌다. 즉 광합성은 식물체 안에서 자연에 순환하는 탄수화물의 형태로 에너지를 고정하는 과정으로 알려졌다. 이러한 생화학적 접근법이 1893년에는 광합성으로 명명되었다.

현대적인 과학적 방법에 따라 수행된 광합성에 대한 체계적이고 분석적인 연구는 20세기에 들어와서 영국의 생리학자 블랙만(Blackman)에 의해 시작되었다. 그는 1905년에 녹색식물의 광합성에는 빛이 필요한 과정과 빛이 필요하지 않은 과정으로 이루어져 있다고 주장했다. 한편 힐(Hill, 1886~1977)은 1937년에 엽록체를 살아 있는 세포로부터 분리하여 빛을 쪼였을 때 산소가 생성되는 것을 관찰해 이른바 힐 반응을 발견했다. 그 후 아논(Arnon)을 비롯한 여러 생물학자들이 살아 있는 세포의 엽록체에서 탄산가스가 탄수화물로 전환되며, 그 과정에서 ATP가 형성되고, NADP가 전자수용체라는 것을 구명함으로써 광합성의 화학적 과정이 일부 밝혀지게 되었다.

이처럼 광합성에 대한 개념이 오랜 시간을 두고 발달해 왔듯이 학생들도 이 개념을 충분히 이해하는 데는 상당한 시간이 걸린다. 그들이 광합성 개념을 이해하기 어려운 이유는 크게 심리학적인 것과 과학교육과정과 관련된 것으로 나눌 수 있다. 먼저 심리학적인 이유는 광합성 개념이 생물과 무생물의 개념을 모두 다 포함한다는 데 있다. 광합성 개념은 생물과 무생물을 뚜렷이 구분하는 개념으로부터 그 구분이 필요하지 않은 개념으로 연결해 주는 다리 역할도 하는데, 물활론적 세계관을 가진 대다수의 학생들은 생물체가 화학적 물질로 구성되어 있다는 것을 받아들이기 어려워하며 생물학적 현상을 물리·화학적 법칙과 이론에 따라 서술하고 설명하길 꺼려한다. 또한 많은 학생이 인간 중심적 사고방식을 벗어나지 못하고 있는데, 이들은 사람의 생존이 녹색식물에 달려 있다는 사실을 받아들이려 하지 않는다. 이들은 오히려 식물의 생존이야말로 사람에 달려 있다고 본다. 사람이 논과 밭에 농작물을 심으며, 초원의 풀도 사람이 가꿈에 따라 무성함이 달라지는 현상을 근거로 한 생각이다. 학생들이 광합성 개념을 학습하는 데 어려움을 가지는 두 번째 이유는 그들이 광합성에 관한 정보를 너무 많이 가지고 있다는 데에도 있다. 그들은 과학교육

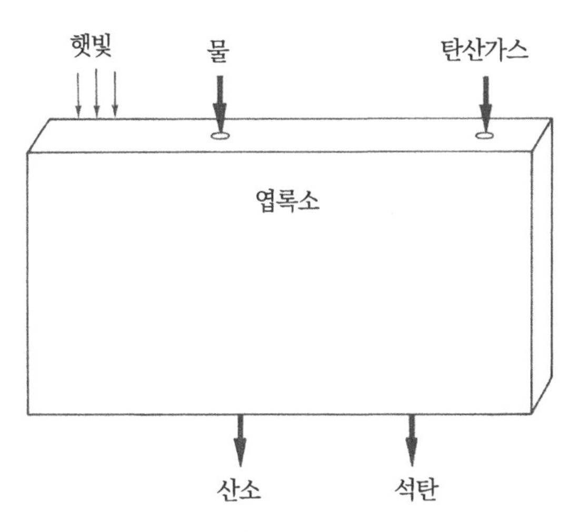

그림 4-3 | 광합성의 투입물과 산물

이나 잡지, 신문, TV, 학술지 등으로 얻은 광합성에 관한 지식을 상당히 많이 가지고 있다. 그러나 그들이 가진 정보는 단편적인 것들이 대부분이고, 주어진 자료를 종합할 수 있는 능력의 부족으로 인하여, 광합성을 통합적이고 체계적으로 의미 있게 이해하는 데 저해요인이 된다.

저학년 학생들이 광합성 개념을 이해하기 쉽지 않은 이유는 그것이 피상적인 관찰을 통해서는 쉽게 파악하기 어려운 추상적인 개념이라는 점도 있다. 〈그림 4-3〉에 나타낸 바와 같이 광합성이 일어나는 구체적인 과정은 쉽게 관찰되지 않는다. 그러므로 19세기까지는 광합성의 투입물과 그 산물에 대한 확고한 지식이 거의 알려지지 않았으며, 20세기에 들어와서야 광합성은 햇빛, 물, 탄산가스를 필요로 하고, 그 결과 산소와 포도당이 생긴다는 것을 알게 되었다.

〈그림 4-3〉은 광합성이 비단 생물학뿐 아니라 물리학 및 화학과도 관련되어 있다는 것을 보여준다. 실제로 광합성 개념에는 원소, 화합물, 화합물의 생성과 분해, 에너지 등의 개념이 관련된다. 그로 인하여 학생들이 이러한 개념을 오인하게 되면 자연히 광합성도 오인하게 된다. 그런데 앞 장에서 논의한 대로 많은 중·고등학생들은 물리·화학적 개념에 대해 많은 오인을 하고 있다. 그들은 물질과 관련된 현상은 물론이고 특히 에너지와 관련된 개념의 의미를 일상적인 생활 과정에서 획득한 직관적인 생각에 따라 해석하며, 그럼으로써 광합성을 호흡과도 혼동할 만큼 광합성 개념을 잘못 파악하고 있다. 이 두 개념에는 원소, 화합물, 에너지 등이 관련된다. 그러나 광합성은 호흡이 일어날 수 있는 물질을 공급한다는 점

에서 두 개념은 명백히 구분된다. 이 차이는 생물의 영양을 다룬 다음 절을 이해함으로써 더욱 뚜렷이 파악할 수 있다.

3. 영양과 호흡

영양은 생물이 생명 현상을 유지하기 위해 외부로부터 물질을 섭취하는 과정으로 정의되며, 영양물의 종류와 에너지의 출처에 따라 독립 영양과 종속 영양으로 구분된다. 이때 섭취되는 물질을 영양분 혹은 영양물이라고 부르며 영양분을 일컬어 사람과 동물에서는 영양소라고 하고 식물에서는 양분이라고 하여 구분하기도 한다. 동·식물은 스스로 몸을 구성·유지하고 에너지를 얻으려면 영양분이 꼭 필요하다. 영양분 중에서 호흡에 쓰이는 산소와 광합성에 쓰이는 이산화탄소, 그리고 생물에 없어서는 안 되는 물은 영양분에서 제외된다. 섭취되는 영양분이 무기물이면 독립영양 생물 또는 무기영양 생물이라고 하며 녹색식물이 이 범주에 속한다. 독립영양 생물은 그 영양분으로 유기물을 필요로 하지 않으며, 외부로부터 무기물만을 섭취하여 이것을 몸 안에서 유기물로 바꾸어 생활한다. 한편 독립영양 생물이 만든 유기물을 섭취하여 생활하는 생물은 종속영양 생물이라고 한다.

동물의 영양소에는 단백질·지방·탄수화물·비타민·무기질의 다섯 종류가 있으며, 이것들을 총칭하여 5대 영양소라고 한다. 5대 영양소는 신체를 구성·유지하며, 에너지원이 되고, 신체의 기능을 조절하며, 생체의 발육 등에 필요한 물질을 공급한다. 한편 식물의 양분은 반드시 무기화합물의 형태로 흡수되며, 식물은 빛 에너지나 무기물이 산화될 때 유리되는 에너지를 이용하여 탄소 동화 작용을 하고 유기물을 합성하며 그렇게 해서 얻은 유기물을 이용하여 살아간다.

생물이 살아가기 위해서 또는 그 과정에서 새로운 물질을 합성하고 분해하는 화학적 과정은 오래전부터 자연철학자 및 과학자들의 주요한 관심 대상이었다. 히포크라테스와 그의 뒤를 이은 자연철학자들은 체액을 생물이 살아가는 데 필수적인 물질로 보고 생물이 섭취하는 대부분의 음식물이 체액과 비슷한 기능을 한다고 보았다. 한편 중세의 의화학자들은 소화를 발효와 동일시하고 그 과정에서 음식을 원래보다 작은 물질로 분해하는 화학적, 물리적 작용으로 생각했다. 19세기의 생물학자들은 그 과정에 따라 동물과 식물을 구분하기도 했다. 그들은 동물과 식물이 상호보완적인 관계를 가지고 있으며, 동물은 식물이 합성한 유기물질을 분해하는 생물로 취급했다.

현대에는 생화학과 분자생물학이 발달함으로써 물질의 대사 과정이 거의 밝혀진 상태다. 그러나 물질대사 과정 그 자체는 추상적인 개념이기 때문에 학생들이 그 개념을 학습하기는 쉽지 않다. 학생들은 바로 앞 절에서 다룬 식물에 의한 물질의 합성과정은 물론 그 분해과정도 배우기 어렵다. 물질대사 과정은 〈그림 4-4〉와 같이 광합성 과정과 호흡 과정, 즉 물질이 합성되는 과정과 분해되는 과정으로 이루어져 있다. 특별히 흡수된 음식물이 분해되는 과정과 관련해서 학생들이 잘못 이해하기 쉬운 개념은 바로 호흡과 영양에 관한 것이다.

일반적으로 호흡은 생물체가 기체를 이용하는 방법을 의미한다. 그것은 이보다 좁은 의미로도 정의할 수 있는데, 특별히 대사 작용과 관련된 호흡, 즉 세포 호흡은 세포 안에서 일어나는 동화 과정으로서 지방과 탄수화물 분자를 그 구성요소와 이산화탄소 및 물로 분해하면서 에너지를 생성하는 과정을 말한다. 그러나 학생들은 세포 호흡을 숨쉬기와 혼동하여 반드시 산소가 필요한 생리적 과정으로 인식하는 경우가 꽤 있다. 세포 호흡은 산소를 필요로 하는 유기호흡과 산소가 없어도 일어나는 무기호흡으로 구분하며, 유기호흡은 햇빛이 있을 때만 일어나는 광합성과 달

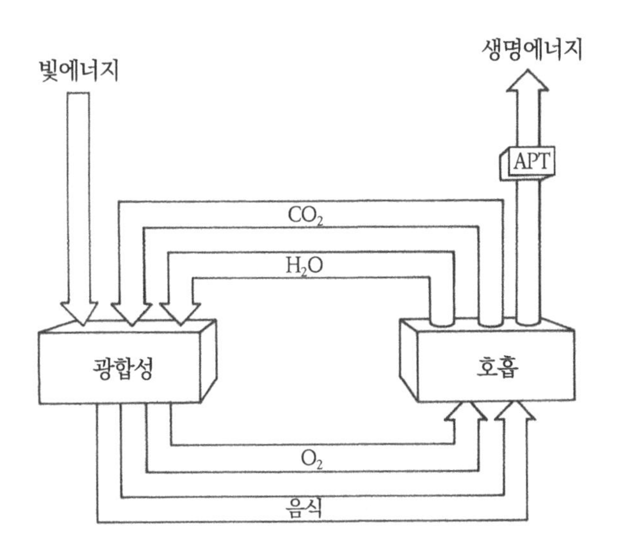

그림 4-4 | 광합성과 호흡의 관계

리 그것이 있을 때나 없을 때나 항상 일어난다. 학생들은 또한 세포 호흡의 생리적 기능을 잘못 이해하여 동물은 산소를 들이마시고 이산화탄소를 버리지만 식물은 이산화탄소를 들이마시고 산소를 내뱉는다고 말하는 경우도 많다.

학생들은 동물의 영양소와 식물의 양분을 혼동할 뿐만 아니라 이 용어들을 영양분과도 혼동하는 경향이 있다. 영양분은 생물이 흡수하여 몸을 구성하는 데 이용하거나 에너지원으로 이용하는 물질을 일컫는다. 이런 의미에서 본다면 식물에도 영양소가 필요하다고 할 수 있다. 그런데 학생들은 식물이 살아가는 데 필요한 에너지의 원천인 영양분을 특히 잘못 아는 경향이 있다. 식물이 필요로 하는 에너지원인 영양분, 즉 음식이 무엇인지 물을 때 그들은 일상생활을 통해서 획득한 지식을 이용하거나 동물이 섭취하는 음식을 식물의 경우까지 일반화하여 말하는 경우가 보통이다. 그들은 식물의 음식물로 뿌리를 통해 흙으로부터 빨아들인 비료, 물, 흙, 여러 가지 무기물 등이나 공기로부터 흡수한 탄산가스라고도 말하며 심지어는 잎에서 흡수한 공기와 햇빛이라고 대답하는 학생도 있다. 이는 동물이 먹거나 마시는 음식물을 식물에까지 적용하여 생각한 결과다. 생물학자들에 따르면 식물의 에너지원이 되는 물질은 외부로부터 흡수한 무기물이 아니라 식물체 안에서 그 무기물로부터 만들어진 유기물이다. 즉 광합성을 통해 식물체 안에서 합성한 탄수화물이다.

4. 유전

유전학(genetics)이라는 말은 베이트슨(Bateson, 1861~1926)이 1905년에 멘델의 법칙을 영국에 처음 소개할 때 사용한 이래로 생물학의 한 분야를 지칭하는 공식 용어가 되었다. 여기서 유전학은 개체에 형질이 발현하는 원인과 효과를 다루는 분야를 뜻한다. 한편 유전(heredity)은 형질이 조상으로부터 자손으로 전달되는 과정을 말한다. 유전에 대한 생각은 고대에도 있었으며, 그 특성에 대한 자료도 그때부터 수집되어 왔다. 그러나 형질들이 세대 간에는 물론이고 개체 간에도 차이를 보임으로써 유전의 본질이 쉽사리 규명되지는 않았다. 고대의 유전설은 특별히 세대와 획득형질의 유전과 관련되어 있었으며, 고대 자연철학자들의 생각이 19세기까지 이어졌다. 19세기까지의 유전설에는 전성설 혹은 후성설, 범생설, 혼합설 등이 주류를 이루었으나, 이런 개념이 유전의 발달에 긍정적인 영향을 미치지는 못했다. 이 개념은 오히려 현재의 각급 학교 학생들이 유전에 대해 가지는 오인의 주요한 출처가 되고 있다.

후성설은 하비가 생식질은 점차적으로 그 형태를 갖추어간다는 것을 논하기 위해 처음으로 제시했다. 그는 모든 생물의 난자는 성체가 자라는 기본물질이지만 원래는 형체가 없고 정자가 활성화함으로써 그 형체가 구현되어 성체가 된다고 보았다. 한편 전성설은 후성설에 상대되는 이론으로서 생물체가 배아의 형태로 미리 형성되어 있다는 주장이다. 아주 작은 생물체가 정자와 난자에 있다가 적절한 자극에 의해 형체화된다는 생

그림 4-5 | 전성설에 따른 생물의 존재

각이다. 〈그림 4-5〉는 이들이 생각한 전성설을 도식화한 그림이다. 이에 따르면 생물체 안의 정자에 작은 생물체가, 그 생물체의 정자 안에 더 작은 생물체가, 그리고 그 작은 생물체 안에 더 작은 생물체가 있어서 생물체가 마치 양파 껍질처럼 형성되어 있다고 볼 수 있다.

범생설은 유전 물질이 원래 세포 안에서 휴면 상태로 있다가 적절한 발생 시기에 발달하는 어린 눈을 통해서 다음 세대로 전달된다는 유전설이다. 범생설은 히포크라테스가 처음 제시했으며, 다윈(Darwin, 1809~1882)은 진화의 한 과정을 설명하기 위해 이 이론을 받아들여 더욱 발전시켰다. 그는 생물체의 모든 기관, 조직, 그리고 세포가 어린 눈이라고 부르는 작은 단위를 생성한다고 주장했다. 생식기관을 예로 들면 양쪽 성의 어린 눈이 모여 배가 형성된다는 것이다. 다윈은 한 개인의 형질은 양쪽에서 받은 어린 눈에 의해 결정되며, 모든 어린 눈이 반드시 발현되는 것은 아니라고 주장했다. 그가 제시한 범생설로 일부의 유전 현상, 즉 재생과 기형이 어느 정도 설명될 수 있었으나 유전의 본질을 밝히는 데는 미흡했다. 그것은 또한 세포설과 멘델의 유전 법칙이 그의 진화설을 지지할 때까지는 진화론이 발달하는 데 저해요인으로 작용하기도 했다.

다윈의 진화설이 기계론에 바탕을 두어 확립되었으면서도 현대의 생물학적 이론으로 발달할 수 없었던 이유는 그가 생각한 범생설과 더불어 혼합설에도 있었다. 그에 의하면 생물의 집단에는 항상 변이가 나타나기 마련인데, 그 변이는 양쪽 부모가 가진 형질들이 골고루 섞인 결과라고

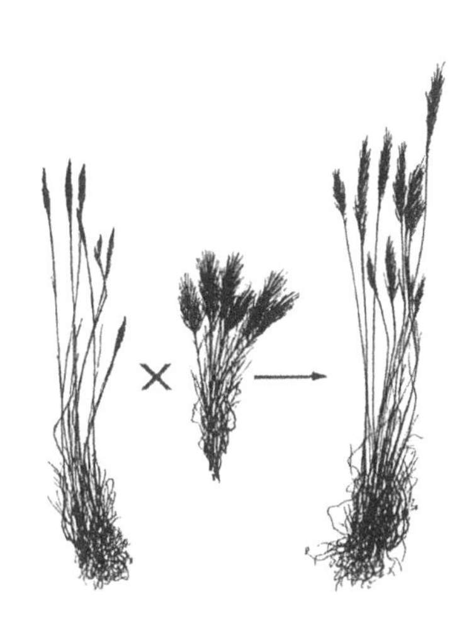

그림 4-6 | 두 가지 형질의 잔디 교배 결과

보았다. 그런데 〈그림 4-6〉과 같이 대부분의 유전 현상이 혼합설로는 잘 설명되지 않는다. 〈그림 4-6〉은 키가 크지만 연약한 이삭을 가진 풀과 키가 작지만 통통한 이삭을 가진 풀을 교배하여 얻은 결과를 나타낸다. 혼합설에 따르면 자손은 중간 크기의 키와 이삭을 가진 풀이 나와야 한다. 그의 혼합설에 따르면 검은 개와 흰 개 사이에서는 회색의 강아지가 나와야 한다. 그러나 멘델의 법칙에 따르면 어느 색이 우성 혹은 열성이냐에 따라서 흰색의 강아지나 검은색의 강아지가 나올 수 있다.

이 밖에 자연발생설과 성경도 고대인들의 유전설에 대한 생각의 주요한 출처였으나, 그것들도 오늘날의 학생들이 유전 개념의 오인을 가지게 하는 주요한 요인이 되고 있다. 자연발생설은 아리스토텔레스 시대에 제기되어 린네도 믿었을 만큼 비교적 오랫동안 유지되어 왔던 생물학적 가정 중의 하나로, 학생들이 유전과 관련된 현상을 피상적으로 파악하게 하는 관점을 제공했다. 성경에 씌어진 창조설과 세대론도 다른 지식과 마찬가지로 자손에 나타난 형질은 모두 부모가 준 것이라는 생각을 갖게 하는 기본 관점을 제공하고 있다.

근대의 유전학은 식물의 잡종 교배와 진화의 두 가지 전통에서 이루어진 관찰과 실험, 그리고 그 결과를 바탕으로 형성되었다. 다윈의 진화설이 나온 다음부터는 식물의 교잡에 바탕을 둔 유전설이 다윈이 제시한 진화설의 그늘에 가려 거의 언급되지 않았으나 결국에는 현대 유전학의 기본적인 틀이 되었다. 다윈의 진화설이 현대의 유전설로 이어질 수 없었던 주된 이유는 그것이 모든 생물에 나타나는 변이와 변화에 대한 관찰에서 유전의 법칙을 연역하려 했던 데 있었다. 그러나 멘델은 다윈과는 정확히 반대로 몇 세대를 거치는 과정에서 변함없이 나타나는 일관성을 바탕으로 그의 유전법칙을 확립함으로써 유전학자로 성공할 수 있었다.

다윈의 유전설 중에서 결정적인 결함은 그가 근본적으로 유전자의 재조합과 재배치에 대한 생각을 갖지 못했다는 데도 있다. 그는 자손의 제1세대에는 한 부모가 가지고 있는 성분의 50%를, 다음 세대에는 25%를 갖는다는 생각에 사로잡혀 있어서 오늘날에는 보편적으로 알려진 분리의 법칙과 독립의 법칙을 인식하지 못했다. 그는 유전에 있어서 유성생식의 역할과 그 중요성도 인식하지 못했다. 그는 유성생식을 개체군에 다양성이 나타나게 하는 하나의 수단보다는 일률성의 원인으로 취급했다. 그는 또한 유전, 변이, 진화 등의 개념을 하나의 개념으로 통합하기 위해 히포크라테스가 주장했던 유전설을 받아들이고 그것을 범성설로 명명했다.

멘델의 유전법칙에 직접적인 영향을 미친 생물학 전통은 식물교잡에 관한 연구의 성과였다. 식물의 교잡에 대한 실험과 연구는 원래 유전 그 자체보다는 식물의 유성생식을 증명하기 위해 수행되었다. 식물의 유성생식을 처음으로 증명한 식물학자는 독일의 쾰로이터(Kölreuter, 1733~1806)였다. 그는 담배를 교배해 잡종을 얻은 다음 그 결과를 바탕으로 알려진 두 종의 중간 형질을 가진 개체는 어느 것이나 잡종이라고 주장한 린네의 잡종설을 반박했다. 그는 식물이 경우에 따라서는 한쪽 부모의 형질을 더 많이 닮지만, 대개는 그 중간의 형질을 나타낸다는 것을 관찰하고 그 결과를 바탕으로 식물도 유성생식을 통해 번식한다는 확신을 가졌다.

1865년에 발표한 멘델의 법칙은 드 브리스(De Vries, 1848~1935), 코렌스(Correns, 1864~1933), 체르마크(Tschermak, 1871~1962)의 세 사람이 각각 독자적으로 유전법칙을 발견하여 1900년에 발표할 때까지 대다수의 생물학자들에게는 거의 알려지지 않았다. 식물의 잡종교잡에 관심을 가졌던 생물학자들조차도 멘델이 주장한 유전의 법칙들을 인식할 수 없었는데, 그에 대한 주된 이유 중의 하나는 그들이 한 개체가 가지는 여러 형질을 개개의 단위로 다룬 것이 아니라 개체 자체를 한 단위로 취급함으로써 모든 형질을 통합적으로 다루었다는 데 있었다. 가트너(Gartner)와 노르딘(Nordin)이 한 개체가 가지는 모든 형질을 종합적으로 취급한 대표적인 생물학자였다. 이들은 생물체가 가지는 개별적인 형질의 특성을 다루지 않음으로써 오늘날에는 일반적으로 알려진 열성의 형질에 대해서도 알 수 없었다. 다만 노르딘은 생식 과정에서 형질이 분리된다는 것을 관찰함으로써 멘델의 선구자라는 칭호를 얻기도 했다. 그러나 그도 개개의 형질보다는 개체 전체를 다룸으로써 멘델이 제시한 분리의 법칙조차도 확립하지 못했다.

멘델의 유전법칙은 19세기 말에서 20세기 초에 이르러 발달한 세포학에 의해 실험적으로 증명되었으며, 그 이후부터는 세 가지의 연구 전통에 의해 오늘날의 유전학으로 발달했다. 첫 번째인 통계적 분석법은 멘델의 유전과 집단유전을 낳았으며, 두 번째인 현미경을 사용한 실험적 접근법은 세포 내 소기관의 특성과 행동을 규명하게 했고, 세 번째인 화학적 방법은 세포의 구성물질을 밝혀내는 데 공헌했다. 오늘날의 유전학은 특히 세 번째 탐구법이 활발하게 적용되고 있으며, 그에 따라 세포 내 구성물질은 분자생물학의 주된 연구 대상이 되고 있다.

생물학에는 물리학이나 화학과 달리 학생들이 배우기 어렵다고 생각하는 분야가 비교적 적다. 유전학은 그 몇 안 되는 어려운 생물학 분야의 하나다. 유전학은 비단 중·고등학생들뿐 아니라 대학교에서 생물을 전공하는 학생들도 배우기 어려운 개념이며, 심지어는 생물교사들조차도 가르치기 어렵다고 생각하는 분야다. 특히 감수분열과 유전자 분리의 관계는 학생들이 이해하기 어려운 개념이다. 그들은 유전자, 대립인자, 염색체, 배우자, 접합자 등과 같은 용어의 의미를 잘못 알고 있는 경우가 흔하며, 형질의 비율에 관하여 결정론적 관념을 가지고 있기 때문에 유전의 본성을 이해하는 데 큰 곤란을 겪기도 한다. 학생들은 유전학에 대해서도 직관적 관념을 상당히 많이 가지고 있는데 그 예를 몇 가지 제시하면 다음과 같다.

- 한 형질은 하나/서넛/많은/23/46개의 유전자에 의해서 통제된다
- 배우자는 양친의 체세포에 있는 염색체와 유전자 짝의 두 가지 염색체와 유전자를 모두 갖는다
- 정자는 자손대의 형질 반을 통제하는 유전자를 갖는다
- 두 잡종 사이에 태어난 자손은 반드시 우성형질을 가진다
- 어떤 특정한 형질에 관한 잡종의 양친으로부터 태어난 자손 가운데

1/4은 반드시 우성형질을 나타낸다

- 잡종의 자손들은 모두 우성형질을 나타낸다
- 우성 유전자가 열성 유전자보다 더 강한 경우가 보통이다
- 유전의 혼합 형태는 유전자의 혼합에 기인한다
- 신체의 다른 부위에 있는 세포는 다른 유전자를 갖는다

학생들이 이러한 생각을 갖게 된 원인은 매우 다양하다. 그 가운데에서도 가장 보편적이고 결정적인 원인은 학교의 생물교육과 그 과정에서 사용되는 각종의 생물 교과서다. 현재 각급 학교에서 학생들이 사용하고 있는 생물 교과서에는 유전의 본성을 나타내는 핵심적 개념이 유기적인 관계가 없이 단편적으로 서술되어 있거나 잘못 제시된 경우가 있다. 예를 들면 어떤 형질이 유전되는 과정이 잘 설명되어 있지 않다. 더욱이 감수분열이 유전의 한 과정으로보다는 두 가지 세포분열의 하나로 진술된 경우가 있다. 유전 개념의 오인에 대한 지금까지의 연구 결과에 비추어 볼 때, 각급 학교의 생물 수업은 학생들이 최소한 다음과 같은 유전 개념의 특성을 분명히 이해할 수 있도록 이루어져야 한다는 것을 알 수 있다.

- 염색체, 유전자, 그리고 대립인자는 반드시 쌍으로 행동한다
- 한 유전자에 대해서 반드시 두 개 이상의 대립인자가 존재한다
- 한 쌍의 대립인자는 한 형질에 있어서 변이를 유발할 수 있다

학생들은 이 밖에도 대립인자들이 분리되고 짝을 이루는 기구를 정확하게 이해해야 한다. 전자는 감수분열의 주제이고, 후자는 수정의 한 과정이다. 이 두 과정은 새로운 유전자형, 즉 새로운 표현형을 형성한다. 물론 단순우성, 복대립인자, 공통우성 등과 같은 유전법칙에 예외적인 개념도 충분히 파악하고 있어야 한다. 그러나 각급 학교의 생물 교육 현장에서는 이러한 개념이 충분히 강조되거나 다루어지지 않고 있다. 생물 교과서 또한 학생들이 유전에 대해서 많은 오인을 가지고 있다는 점이 참작되지 않고 있으며, 유전학 지식의 논리적인 체계만이 강조되고 있다.

5. 진화

현대의 생물학자들은 생물학을 여러 분야로 분류하고 있지만 각 분야는 진화라는 하나의 개념에 수렴하는 형식으로 나누어져 있다. 즉 진화론은 여러 생물학적 이론이 체계화된 통합적 개념이다. 그러므로 진화론에 대한 이해가 없이는 생물학의 어느 분야도 충분히 이해할 수 없으며, 이 때문에 진화론은 각급 학교의 생물 교육 현장에서 중요시될 수밖에 없다. 그런데 진화론은 통합적 개념 체계인 만큼 다른 어떤 생물학 지식체계보다도 이해하기 어려운 분야다. 이는 생물이 진화된다는 사실을 분명하게 보여주는 증거가 미흡할 뿐만 아니라 진화에 대한 논리적 설명체계 그 자체가 논란의 대상이 될 수 있을 만큼 그 의미가 복잡하고 애매모호하기 때문이다.

그럼에도 불구하고 생물의 진화는 생명의 기원과 더불어 오래전부터 인간의 관심거리가 되었다. 그러나 다윈의 진화설이 나오기까지는 그 과정이 밝혀지지도 않았다. 고대에는 진화가 오늘날의 발생학적 발달을 의미했다. 또한 전성설을 받아들인 진화론자들은 진화를 이미 정해진 존재의 모습이 전개되는 과정으로 보았으며, 거의 같은 시대의 후성론자들은 생물의 발생이 점차적인 분화에 의해 일어난다고 주장했다. 오늘날에도 진화라는 용어에는 19세기 때 제기된 문제와 의미가 일부 포함되어 있다. 현대적인 의미의 진화는 진보라는 의미를 함축하고 있으며 구체적인 변형과 아울러 일반적인 변화의 의미도 함축하고 있다.

라마르크(Lamarck, 1744~1829)는 진화라는 용어를 전혀 쓰지 않았다. 유기적 변화를 뜻하는 근대적인 의미의 진화는 라이엘(Lyell, 1797~1875)에 의해 처음으로 쓰이기 시작했다. 그는 1832년 라마르크의 진화설을 논의하는 과정에서 진화라는 용어를 처음 사용했으며, 그 이후부터 다윈에 의해 간간이 쓰이다 스펜서(Spencer, 1820~1903)에 의해 현대적인 의미로 정착되었다. 특히 스펜서가 처음에는 부단한 전진적 발달을 의미하는 발생학적 발달을 지칭하기 위해 그 용어를 사용했으나 나중에는 발생학적 발달과 생물의 진화 혹은 형태의 변형을 구분하여 사용했다. 그런데 진화의 의미가 이와 같이 변화된 과정은 정작 그 개념의 본질을 이해하는 데 어려움을 주는 원인이 되었다.

특히 1860년대 말부터 1870년대 초까지는 진화가 생물체가 변형하는 일반적인 과정으로 인식되었다. 이 기간에는, 다윈이 유기체의 변화는 반드시 구조적으로 복잡하게 발달할 필요가 없다고 주장했음에도 불구하고, 진화는 대체로 점진적인 변화를 의미했다. 이러한 의미의 진화가 18세기까지는 사실상 거의 알려지지 않았고, 종에 대한 새로운 개념이 대두됨으로써 진화의 개념도 관심의 대상으로 다시 부각되었다. 18세기까지는 생물의 돌연변이라는 개념도 확립되지 않았으며, 이 개념도 종의 개념이 확립됨과 동시에 박물학자들의 관심사가 되었다.

18세기 이전까지는 생물의 종이 태초에 하느님에 의해 창조된 이래 전혀 변하지 않은 고정된 형태로 인식되었다. 그것은 성적(性的)으로 격리되어 있다는 생각, 즉 생물들의 상호 간에 교배가 불가능하다는 관념에 따른 것이었다. 지구의 역사상에 성경이 말하는 생물체 외의 새로운 종이 생겨났다고 본 학문적 입장은 린네와 뷔퐁에 의해서 처음으로 표명되었다. 그러나 그들의 이런 이론에도 불구하고, 생명체의 다양성과 그 정도가 진화론적 용어로 설명되지는 않았다.

생물체가 변화되는 과정을 포괄적으로 설명한 이론은 라마르크에 의해서 제일 먼저 제기되었다. 그는 1800년 가장 단순한 형태의 생물은 자연발생적으로 생겨났으며, 다른 모든 형태의 생물은 그것으로부터 계속 생겨났다는 가설을 제시했다. 그는 생물체가 변하는 과정에 두 가지의 요인이 작용한다고 보았다. 첫째는 점진적으로 복잡성을 띠는 생물의 위계적 단계를 결정하는 생명력이요, 둘째는 종과 속이 자연 사다리에 함축되어 있는 바대로 단선적으로 형성될 수 없었음을 설명해 주는 특정 환경의 영향이라는 것이었다. 라마르크는 이를 근거로 하여, 그리고 획득형질의 유전이라는 개념에 의하여 생물은 환경으로부터 오는 자극에 반응하여 변하고 그럼으로써 진화한다고 설명했다. 그의 이 설명체계는 목적론적 진화설로서 오늘날 다윈의 기계론적 진화설과 대비된다. 그의 견해로는 동물은 새로운 생태적 지위를 형성함으로써 환경의 변화에 반응하고 그 과정을 거치면서 동물의 구조에도 변화가 일어나 다음 대에 전달된다는 것이었다.

그러나 라마르크의 목적론적 진화설은 여러 종류의 생물이 동시에 가지고 있는 구조상의 유사성을 제외한 어떠한 확고한 증거도 가지고 있지 않았다. 그의 이론이 지지받기 위해서는 무엇보다도 지구의 나이가 성경에 바탕을 두고 계산한 6,000여 년보다 훨씬 길어야만 했다. 그러므로 그는 뚜렷한 확증도 없이 무작정 지구의 나이를 계산할 수 없을 만큼 길 것이라고 예측했다. 당시에는 화석도 진화의 실제와 그 과정을 증명하는 확고하고 객관적인 근거가 되지 못했다. 더욱이 퀴비에(Cuvier, 1769~1832)와 같은 라마르크의 반대자들은 화석이 라마르크 이론이 요구하는 종간의 전환 단계를 전혀 보여주지 않는다고 주장함으로써 라마르크의 진화설을 부정했다.

라마르크의 목적론적 진화설이 안고 있는 문제점은 다윈과 월레스(Wallace, 1823~1913)가 독립적으로 정형화한 기계론적 진화설도 해결하지 못했다. 다윈은 자연선택을 생물의 자연에 대한 적응을 통한 변화의 기구로 제시함으로써 진화설을 하나의 과학적 이론으로 확립했다. 그는

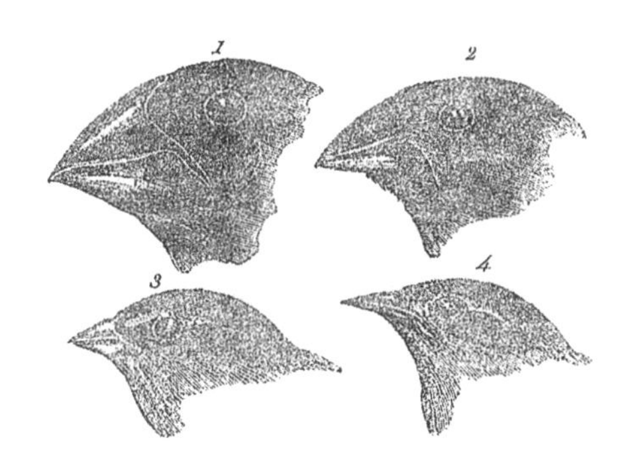

그림 4-7 | 피리새류의 다양한 부리 모양

변화를 생물에 의한 의도적이고 능동적인 활동에 의한 것보다는 자연이 선택한 결과로 보았다. 〈그림 4-7〉은 원래 같은 종이었던 피리새류의 부리가 생태학적 지위에 따라 변화된 것임을 보여준다. 그는 이런 차이가 변화된 환경에 적응하기 위한 능동적 과정의 결과가 아니라 자연이 선택한 결과라고 주장했다.

그러나 다윈의 진화설도 화석상 기록의 불완전성, 고도로 복잡한 생물체의 구조가 이루어진 출처와 방법, 생물체의 본능 등과 같은 문제점에 직면했다. 따라서 19세기에는 진화론의 관심이 화석 외에 비교해부학과 발생학을 통해서 조상의 역사를 규명하는 데로 쏠렸다. 화석상의 기록은 이른바 잃어버린 고리가 있었음을 확인함으로써 화석상의 불완전성이 진화론에 내재된 문제의 해결책이 아님을 스스로 밝혔다. 뮐러(Müller, 1801~1858) 및 헤켈(Haeckel, 1834~1919)과 같은 일부의 진화론자들은 〈그림 4-8〉과 같이 생물체 조상의 과거사는 난자로부터 성체로 발달하

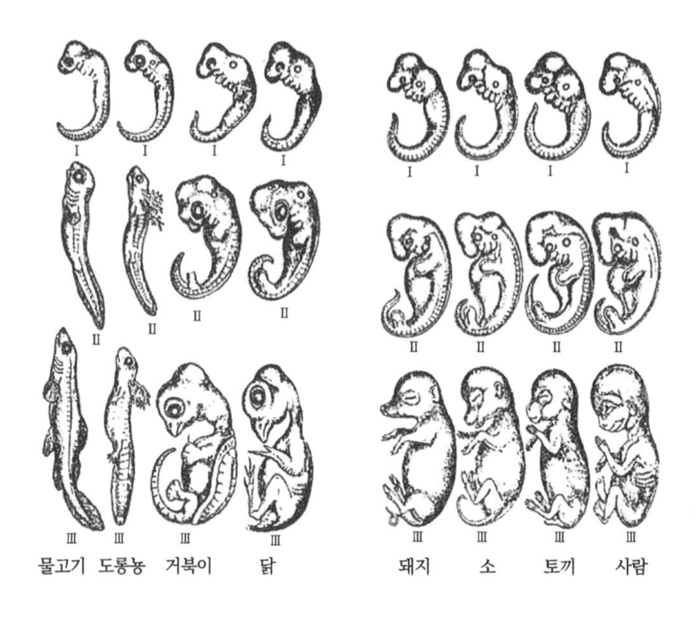

그림 4-8 | 생물의 발생 단계

는 단계에서 나타난다는 발생반복설을 제시했다. 〈그림 4-8〉은 서로 다른 종이지만 발생의 초기 단계에서는 거의 비슷한 모습을 하고 있음을 보여준다. 이를테면 개체발생은 계통발생을 되풀이한다는 이론을 뒷받침해 주고 있다. 그들은 이러한 발생학적 접근법을 통해서 척추동물의 공통조상을 밝히기도 했다.

당시의 고생물학자들과 발생학자들이 제시한 증거는 진화가 실제로 일어난다는 것을 확증하는 듯이 보였으나 그 기구와 과정을 구체적으로 설명하지는 못했다. 다윈도 개체에 나타나는 변이의 원인과 한 세대에서 다음 세대로 형질이 전달되는 수단을 제시하지는 못했다. 적절한 유전학적 이론이 없이는 자연선택이 진화의 기구로 얼마나 중요한지도 분명해지지 않는다. 유전학적 이론이 결핍될 경우 획득형질의 유전설은 진화의 창조적 측면만 설명하게 되며, 자연선택설은 환경에 부적절한 생물체를 말살시키는 기능, 즉 부정적인 기능만을 강조하게 된다. 그러나 멘델의 유전 법칙이 처음 발표되었을 때는 그것이 다윈의 진화설을 보완·설명해주는 것보다는 대안적 이론으로 취급되었다.

다윈이 제시한 진화설과 멘델이 확립한 유전의 법칙은 박물학자와 생물실험자, 그리고 집단유전학자들의 공동 노력으로 융합되었다. 박물학자들은 적응, 지리적 격리, 종분화 등의 개념에 친숙해 있었으며, 종을 이상적 형태보다는 집단으로 규정했다. 한편 생물실험자들은 표현형과 인자형을 구분했으며, 돌연변이는 그 정도가 작지만 멘델의 법칙에 따라 유전된다는 것을 보여주었고, 자연선택이 연속적인 변이에 작용하여 집단의 형질을 변화시킬 수 있다는 것을 증명했다. 집단유전학자들은 또 다른 측면에서 현대 유전학의 발달에 공헌했다. 그들은 돌연변이, 선택, 이주 등 한 집단 내의 모든 생물체가 가지고 있는 유전자의 빈도에 영향을 미치는 요인들의 작용에 관한 수학적 모형을 개발했다. 이들의 업적을 바탕으로 오늘날에는 자연선택, 돌연변이, 유전자의 재조합 등의 결과로 생성되는 변이를 진화의 주요한 원천으로 설명하는 진화의 통합설, 즉 신다윈설(neo-Darwinism)이 형성되었다.

다윈의 진화설과 멘델의 유전법칙이 통합되어 이루어진 신다윈설은 새로운 형질의 출처를 무작위적 돌연변이와 유성생식을 통한 유전자 재조합에 둔다. 또한 개체군에 나타나는 형질의 빈도가 긴 역사적 과정을 통해 변화되어 온 원인을 자연선택에 둔다. 이처럼 신다윈설은 새로운 형질의 출처와 현재의 형질의 유전을 잘 설명하기 때문에 대다수의 현대 생물학자들의 지지를 받고 있다. 그러나 진화설은 아직도 대학생들에게조차 어려운 생물학의 한 분야로 남아 있다. 대다수의 학생들은 진화를 생물이 장기간에 걸쳐 점진적으로 변함으로써 환경에 반응하는 과정으로 인식한다. 그들은 진화의 핵심적 과정은 자연에 의한 형질의 선택 혹은

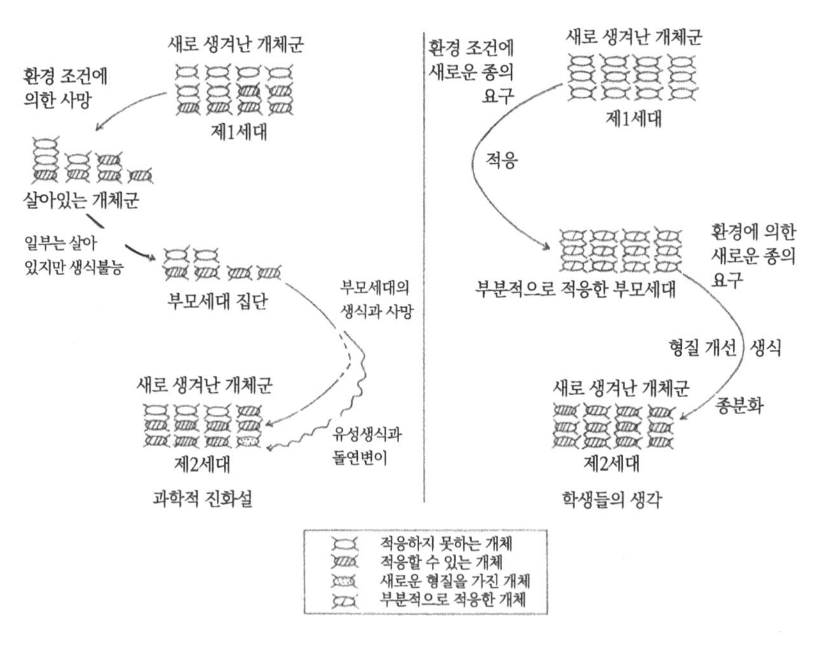

그림 4-9 | 진화의 기구에 관한 과학적 개념과 학생의 관념

도태라는 것도 비교적 잘 알고 있다. 그러나 생물은 왜 진화하며, 〈그림 4-9〉에 나타낸 바와 같이, 그 구체적인 과정은 어떻게 진행되고 있는지에 관해서는 학생들의 생각과 진화론자들의 생각 사이에 커다란 차이가 있다. 진화론을 구성하는 여러 가지 핵심적 개념 가운데에서도 특히 형질이 변화되는 과정과 방법, 개체군과 형질 변이의 관계 등에 관한 학생들의 생각은 진화론자들의 생각과 크게 다르다.

진화에 관한 학생들의 생각과 과학적 개념, 즉 현대의 진화론자들이 가지고 있는 지식 사이에 나타나는 차이는 이 밖에 새로운 종의 출처와 생존, 변이체가 개체군 내에서 하는 역할, 개체군이 아닌 각 개체가 진화하는 이유와 방법 및 과정에 대한 지식 등을 비교하여 확인할 수도 있다. 현대의 생물학자들은 그 원인과 결과가 뚜렷이 다른 두 가지의 과정이 집단 내에 나타나는 형질의 변화에 영향을 미친다고 본다. 즉 무작위적 돌연변이 혹은 유성생식을 통한 유전자 재조합과 환경요인의 선택에 의한 생존과 도태를 그 두 가지 과정으로 본다. 그러나 많은 학생이 진화에 이 두 과정이 관여된다는 것을 잘 알지 못한다. 그러므로 그들은 개체군 내에 새로운 형질이 출현한 사실과 오랜 시간에 걸쳐 생존한 사실을 잘 구분하지 못하고, 한 종의 특성은 〈그림 4-9〉의 오른쪽에 나타낸 바와 같이 일정한 과정을 통해서 변화된다고 생각한다. 그들은 그 두 과정이 아니라 환경이 진화의 원인이라고 생각하는 경향도 나타낸다.

진화의 원인과 과정에 대한 그들의 생각은 다분히 라마르크의 진화설과 일맥상통한다. 그들은 생물이란 자신이 살아가는 데 필요하기 때문에 새로운 형질을 발달시킨다고 본다. 이를테면 그들은 "치타는 음식을 포획하기 위해 빨리 달려야 하며, 자연은 치타로 하여금 빨리 달릴 수 있는 기능을 가지게 했다"라고 생각한다. 생물체가 그 신체적 기관이나 기능을 쓰거나 쓰지 않음으로써 변한다고 생각하기도 한다. "몇 세대를 거쳐 눈을 쓰지 않았기 때문에 동굴 도롱뇽의 눈은 그 기능을 상실했다"라는 생각이다. 또한 그들은 생물의 적응이라는 용어를 일상적인 생활 상황에서 획득한 의미로 쓴다. "북극곰의 털은 환경의 영향을 받아 느린 적응의 과정을 통해 흰색으로 변했다"라고 말하기도 한다.

생물학자들은 진화의 기본 단위를 개체군으로 본다. 개체군 내에서 비교적 환경에 유리한 형질을 가진 일부 개체에 의해서 개체군이 진화된다고 주장한다. 개체군 내의 변이가 진화의 전제 조건들이라는 주장이다. 그러나 학생들은 변이가 진화의 결정적인 요인이라는 사실을 잘 깨닫지 못한다. 그들은 개체들로 이루어진 개체군의 변화 대신에 한 개체의 전체적 형태가 변화되는 과정을 진화로 보고, "치타는 적을 피하기 위해 빨리 달려야 하며 치타의 근육과 뼈는 그런 환경에 적응하기 위해 변화되었다"라고 말한다.

생물학자들은 다른 종과 뚜렷이 구분되는 형질을 가진 개체가 한 개체군 내에서 차지하는 비율의 변화를 진화로 본다. 즉 진화는 개체에 유전적 변이가 일어나고 그 과정을 통해서 새로운 형질의 개체가 생겨나는 과정이라고 한다. 새로운 형질은 그 형질을 가진 개체의 수가 늘어남으로써 개체군 내에서 차지하는 비율이 늘어나고 그럼으로써 진화가 점진적으로 진행된다는 것이다. 그러나 학생들은 진화가 형질이 차지하는 비율이 아니라 형질 그 자체의 개별적 변화라고 생각한다. 말하자면 진화 과정에서 형질이 더욱 발달하거나 도태된다는 생각이다. 그들은 "무엇을 볼 필요가 없는 동굴 도롱뇽은 몇 세대를 거치면서 시력이 나빠진 눈의 유전자를 받아 결국 시력을 잃게 되었다"라고 말한다.

현대의 진화설은 몇 가지의 개념이 통합적으로 구성되어 있게 마련이다. 따라서 진화설은 그것을 이루는 주요한 개념의 본성을 이해하지 않고서는 그 지식을 완전히 습득할 수 없다. 그런데 진화설을 이루는 몇몇 개념은 학생들이 쉽게 이해할 수 없다. 현대의 진화설을 이루는 핵심적 개념 가운데에서도 학생들이 배우기 어려워하는 개념은 다음과 같다.

- 개체군에는 자연발생적으로 생겨난 돌연변이에 의한 변이종이 있게 마련이다
- 적응은 선택의 결과다: 능동적 과정이 아니다
- 진화는 몇 세대를 거치는 긴 시간이 필요하다
- 자연선택은 우연적·확률적 과정이다

많은 학생이 자연선택의 의미를 정확하게 알지 못하고 라마르크가 가졌던 목적론적 관념을 그대로 가지고 있으면서 그에 따라 진화의 과정을 설명하는 경우도 있다. 그들은 생물이란 어느 개체나 환경이 변하면 변화된 새로운 환경에 적응하기 위해 차츰 변하고, 그럼으로써 진화한다고 생

각한다. 또한 그들은 진화의 원인과 그 과정을 설명하는 데 다양한 관념을 적용하는데, 그 관념의 종류를 범주화하면 다음과 같다.

- 환경요인에 의한 생각: 물, 태양, 음식, 보호 등과 같은 환경요인에 따라 진화의 원인과 과정을 설명한다
- 신체적 관념: 신경, 뇌, 혈액, 땀, 눈물 등을 진화의 원인으로 제시한다
- 자연적 생각: 수명의 한계, 자연의 특성, 모성애 등과 같은 요인으로 진화의 과정을 설명한다
- 유전적 생각: 가장 과학적인 생각으로서 진화의 궁극적인 원인과 그 결과를 유전에 둔다.

이 생각 중에서 저학년인 학생들은 주로 처음의 세 가지 생각을 통해서, 고학년인 학생들일수록 마지막의 생각을 통해서 진화의 본질을 파악하려 한다. 처음의 세 가지 생각은 학생들의 일상적인 생활 과정에서 획득되어 그들의 직관적 관념을 이루며, 그들이 진화의 개념을 이해하는 데 저해요인으로 작용하기도 한다. 한편 마지막의 생각은 근대 유전학의 발달로 형성된 지식으로서 진화의 원인을 비교적 잘 설명해 주지만 진화의 구체적인 과정을 제시하지는 못한다.

학생들은 다른 생물학적 현상과 마찬가지로 진화의 과정과 방법도 목적론적 관점에서 해석한다. 그들은 생물이 가지는 모든 기관은 어떤 목적을 달성하는 데 적절한 모양으로 형성되어 있으며, 그것에 의한 행동과

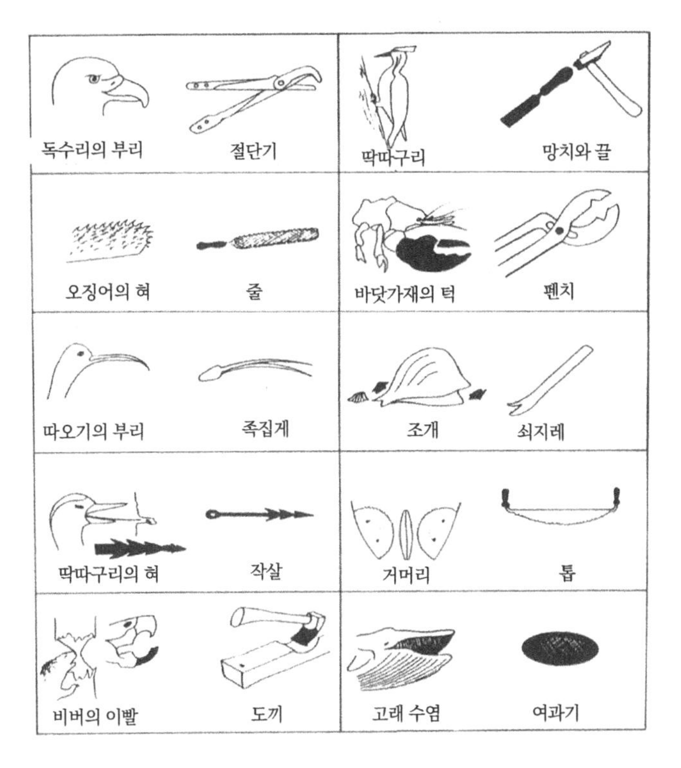

그림 4-10 | 인간이 만든 도구와 생물체 기관의 비교

반응은 반드시 합목적적이라는 것이다. 이러한 생각은, 〈그림 4-10〉에서 볼 수 있듯이, 단순히 우연으로 보거나 확률적으로만 해석하기에는 지나치게 정교하다. 또 조직적인 생물체의 여러 기관에 비추어 볼 때 정당한 것으로 받아들일 수도 있다.

이상에서는 진화에 관한 과학적 개념과 학생들의 직관적 생각을 비교하여 설명했다. 생물학자들이 가지고 있는 진화 개념과 그 개념에 대한 학생들의 생각으로 미루어 볼 때, 진화에 대한 전통적 학습지도 방법이 적절하지 않음을 알 수 있다. 즉 생물의 진화는 더 이상 이론으로서가 아니라 역사적 사실로 학습지도되어야 한다고 말할 수 있다. 물론 학생들은 진화에 대한 생각을 학교의 교육만이 아니라 사회와 종교, 그리고 형이상학적 관점을 통해서도 가지게 된다. 그런데 종교적 신념과 사회적 이념은 과학적 가치관과 다르다. 그러므로 종교의 교리나 사회적 이념을 통해서 진화의 본성을 해석하는 학생일지라도 그의 종교적 신념 혹은 전통적 가치관을 버리지 않고 생물학적 지식, 즉 과학적 진화론을 이해할 수 있다.

학생들은 그들의 단순한 사고방식과 일상적으로 사용하는 언어를 통해서도 진화에 대한 그릇된 생각을 가질 수 있다. 학생들은 생물이 생존을 위해 형질을 변화시키거나 새로운 형질을 획득하는 과정이 단순하다고 생각한다. 그러나 자연의 모든 현상은 학생들이 인식하고 있는 만큼 단순한 과정을 통해서 운용되지 않는다. 한편 학생들은 대중매체를 포함한 여러 상황에서 쓰이는 언어를 통해서도 진화에 대한 오인을 가진다. 우리는 "기후가 변함에 따라 생물은 그 환경에 적응해야 하며 그렇지 못할 경우 멸종한다", "오로지 강하고 영리한 동물만이 살아남는다" 등과 같은 말을 많이 듣는다. 이런 말은 목적론적 진술이지 확률적·기계론적 말이 아니다.

5장

잘못 알기 쉬운 지구과학 개념

지구과학 지식에는 구체적인 것과 추상적인 것이 통합되어 있다. 암석학 분야는 비교적 구체적인 개념과 그 체계로 이루어져 있으며, 천문학과 기상학은 상대적으로 추상적인 개념과 법칙 및 이론으로 조직되어 있다. 또한 지구관은 그것을 인식할 수 있는 범위가 일상적인 경험의 영역을 초월하기 때문에 구체적인 개념이면서도 학생들이 배우기 어려워하는 영역 중의 하나다. 이 장에서는 지구관이 발달해 온 과정과 학생들이 보편적으로 가지고 있는 지구관 및 우주관의 속성, 그들의 지진에 관한 생각, 그리고 그것을 학습하기 어려운 이유에 관하여 기술한다.

1. 지구관 및 우주관의 역사

과학사적으로 지구의 모습과 운동, 그리고 지구와 다른 행성 및 항성과의 관계에 관한 생각은 우주를 생각하며 세계를 보고 해석하는 기본 관점이었다. 특히 고대인들은 당시의 학문적 발달 수준을 토대로 인간이 경험할 수 있는 범위 안에서 지구를 관찰하고 그 결과를 바탕으로 그 구조를 여러 가지 모양으로 그렸다. 그들은 지구를 배 모양으로 보거나 편평한 것으로 생각하기도 했다. 대략 B.C. 3000여 년 전 티그리스강과 유프라테스강 유역에 정착했던 수메르인들은 지구를 거꾸로 뒤집힌 배 모양으로 생각하기도 했다. 특히 오늘날의 시리아 지역에 거주한 고대인들에게 지구는 접시 모양으로 둥글고 편평하다고 생각하는 것이 보편적이었다.

지구가 공처럼 둥글다는 생각은 고대 그리스의 아테네 시대 때부터 널리 받아들여지게 되었다. 피타고라스는 원이 가장 완전한 기하학적 도형이라는 원리를 바탕으로 지구는 둥글다고 생각했다. 이 생각을 받아들인 피타고라스의 제자들은 지구가 우주의 중심으로서 자체의 축을 중심으로 자전하며 태양을 포함한 다른 행성들이 완전한 원궤도를 따라 지구의 주위를 공전한다고 가정했는데, 이런 생각은 플라톤과 아리스토텔레스에 의해서도 받아들여졌다. 특히 아리스토텔레스의 우주관은 수사학적인 면이 없지 않았으나 지구가 둥글다는 견해에 관한 관찰에 바탕을 두었다. 그는 배가 멀어질수록 윗부분만 보이게 되고, 적도나 위도상의 위치를 옮길지라도 물체가 항상 아래로 떨어진다는 관찰 결과를 바탕으로 이런 결론을 내렸다.

태양을 포함한 행성들의 운동은 물론이고 지구와 다른 행성과 항성들과의 관계도 고대 자연철학자들의 관심을 끌었다. 에우독소스는 천체의 주기적인 운동을 설명하기 위해 지구를 중심에 둔 공동중심 다중원 혹은 공동중심 다중구를 설정하여 천체의 운동을 기하학적으로 설명하려 했다. 아리스토텔레스도 공동중심 다중구설을 제안했으나 태양과 행성이 부착된 구들이 에우독소스가 제안한 것처럼 천체의 운동을 설명하기 위해 가상적으로 설정한 기하학적 구상이 아니라 실제로 존재하는 구(球)라고 주장했다. 그런데 이러한 우주관으로는 주기적으로 변하는 행성과 천체 사이의 상대적인 거리를 잘 설명할 수 없었다.

고대 그리스의 과학과 문화의 중심지가 아테네에서 알렉산드리아로 옮겨진 다음에는 지구의 모습과 운동, 그리고 우주에 대한 지식도 새로운 차원으로 발달했다. 벌써 이 당시에 오늘날의 과학적 지식과도 별다른 차이가 없는 지동설이 나왔다. 아리스타르코스(Aristarchos, B.C. 310~230)는 지구가 하루에 한 번씩 지구의 축을 중심으로 자전하며, 태양을 중심으로 원을 따라 일 년에 한 번씩 공전한다고 주장했다. 그는 태양과 항성은 움직이지 않고 모든 행성이 태양의 주위를 돈다고 주장했으나 그 생각이 불경스럽다는 이유로 당시의 스토아 철학자들에 의해 거부되었다. 그의 지동설은 에우독소스의 천동설이 안고 있는 문제점을 극복하기 위해 제시되었으나 지구와 하늘이 전적으로 다른 물질로 이루어져 있으며 서로 다른 법칙을 따를 것이라는 생각을 벗어나지 못하는 고대인들에게 쉽게 받

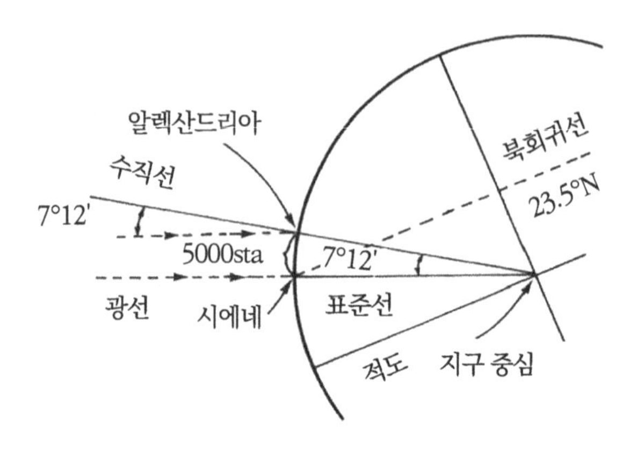

그림 5-1 | 에라토스테네스의 지구 둘레 측정 방법

아들여질 수 없었다. 아리스타르코스의 지동설은 코페르니쿠스가 지동설을 제시한 다음 갈릴레오가 지상에서 적용되는 역학 법칙을 발견하고, 케플러가 천체의 역학 법칙을 확립했으며, 뉴턴이 지상과 천체가 동일한 역학 법칙을 따른다는 것을 확인함으로써 이해할 수 있었다. 아리스타르코스는 반달일 때 달, 지구, 태양이 각각 직각삼각형의 세 꼭짓점을 이루며, 지구로부터 태양까지의 거리는 지구에서 달까지 거리의 약 19배라는 것도 알아냈다.

이 당시에는 지구에 대한 상대적 치수뿐 아니라 절대적 치수도 상당수 측정되었다. 지구의 크기, 즉 그 둘레가 측정된 것도 이때였다. 에라토스테네스(Eratosthenes, B.C. 275~194)는 〈그림 5-1〉과 같이 두 지점에서의 태양의 고도를 이용한 방법을 통해 지구의 둘레를 계산했다. 그가 적용한

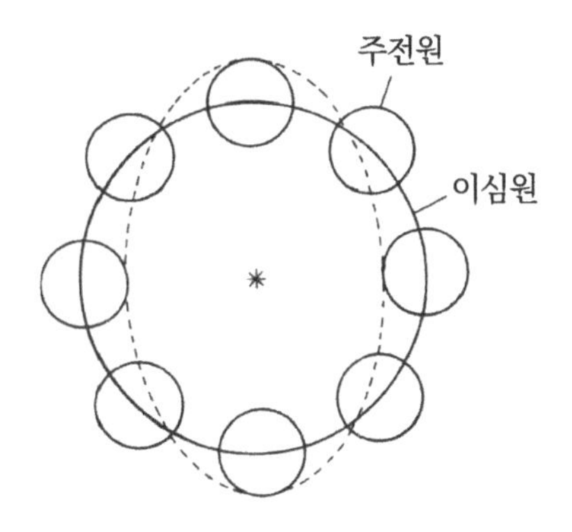

그림 5-2 | 주전원과 이심원

방법은 오늘날 확인된 실제의 둘레와 겨우 50마일 정도만의 차이가 날 만큼 과학적이고 합리적인 것이었다.

알렉산드리아 시대에는 지구의 운동에 관한 견해도 아테네 시대의 생각과 크게 달랐다. 아폴로니오스(Apollonios, B.C. 262?~200?)는 에우독소스나 아리스토텔레스의 우주관으로는 충분히 설명할 수 없었던 천체의 현상, 지구와 행성 및 항성 사이의 계절에 따른 거리의 변화 등을 설명하기 위하여 〈그림 5-2〉와 같이 주전원, 이심원 등을 도입한 새로운 우주관을 제시했다. 〈그림 5-2〉에서 주전원은 이심원에 그 중심을 둔다. 아폴로니우스의 우주관은 히파르코스(Hipparchos, B.C. 190?~125?)에 의해 발전되었으며, 프톨레마이오스가 제시한 천동설의 기본 골격이 되기도 했다.

프톨레마이오스 시대에는 에우독소스나 아리스토텔레스 때보다 훨씬 더 많은 수의 주기적인 천체 운동이 관찰되었다. 프톨레마이오스는 히

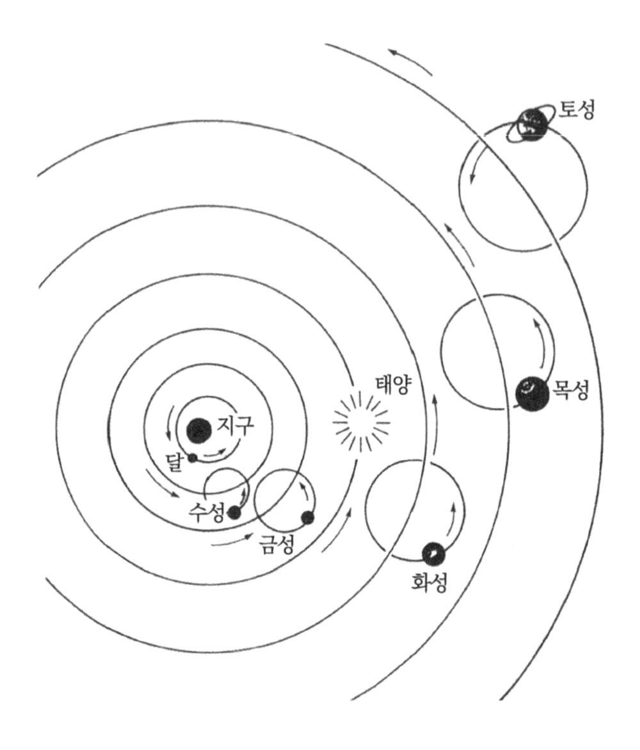

그림 5-3 | 프톨레마이오스의 우주관

파르코스의 우주관을 받아들여 당시까지 관측된 모든 주기적 현상을 설명하기 위해서는 80여 개의 주전원과 이심원을 사용해야 한다고 생각하고 그에 바탕을 두어 〈그림 5-3〉과 같은 우주관을 제시했다. 그러나 그는 그의 우주관을 구성하는 원을 물리적 실체로 보기보다는 수학적 도구로 취급했다. 프톨레마이오스의 우주관은 처음부터 틀렸거나 잘못 해석한 증거를 바탕으로 성립된 것이었으나 코페르니쿠스와 케플러(Kepler,

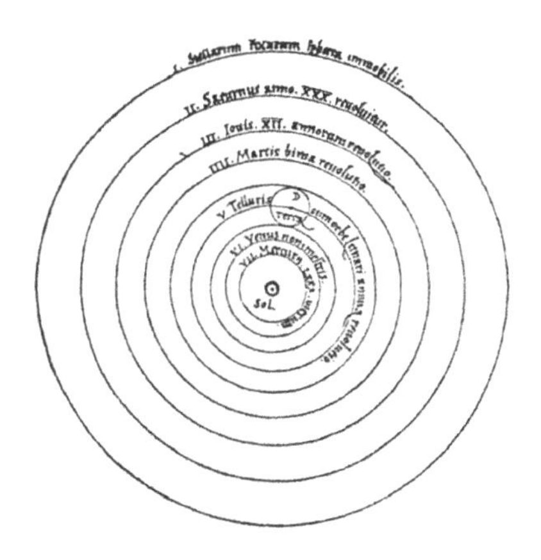

그림 5-4 | 코페르니쿠스의 우주관

1571~1630)가 근대적인 우주관을 확립할 때까지 약 1,500여 년 동안 인류가 세계를 보는 기본 관점이 되었다.

프톨레마이오스의 우주관은 코페르니쿠스의 우주관으로 대체되었고 갈릴레오에 의해 결정적으로 부정되었다. 코페르니쿠스는 〈그림 5-4〉와 같은 우주관을 제시함으로써 태양을 우주의 중심에 놓았다. 그는 또한 지구가 공전, 자전, 세차 운동 등 세 가지 운동을 한다고 주장했다.

코페르니쿠스가 프톨레마이오스의 천동설에서 태양과 지구의 위치를 바꾸어 태양을 우주의 중심에 둔 지동설을 제시했을 당시에는 그의 지동설이 잘 받아들여지지 않았다. 더군다나 그의 이론으로 천체 현상을 설명하는 데 프톨레마이오스의 것보다 훨씬 적은 수의 원이 소용되긴 했으나, 그의 이론으로 천체의 모든 현상을 올바로 해석할 수는 없었다. 그의 우

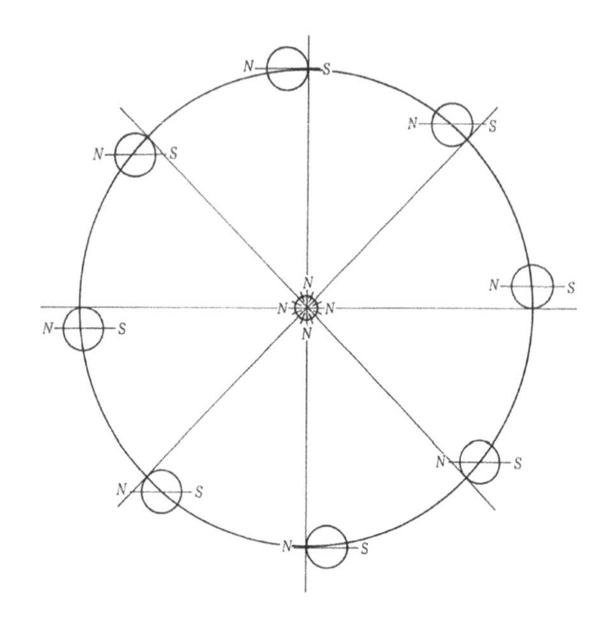

그림 5-5 | 케플러가 말한 지구의 타원궤도 원인

주관은 프톨레마이오스의 우주관으로 설명하는 것보다 오히려 그 정확도가 떨어졌다. 케플러는 이런 문제점과 아울러 티코 브라헤(Tycho Brahe, 1546~1601)의 관측 결과를 바탕으로 지구의 공전 궤도를 타원으로 수정한 지동설을 제시했다. 그러나 그도 행성이 타원궤도를 따라 공전하는 이유를 정확하게 알지는 못했다. 그는 〈그림 5-5〉와 같이 지구는 N과 S의 양극을 지니고 있지만 태양은 자극만 띠기 때문에 지구가 타원궤도를 따라 공전한다고 생각했다. 케플러가 이론적인 측면에서 코페르니쿠스의 우주관을 지지했다면, 갈릴레오는 실험을 통해 그 타당성을 증명했다. 갈릴레

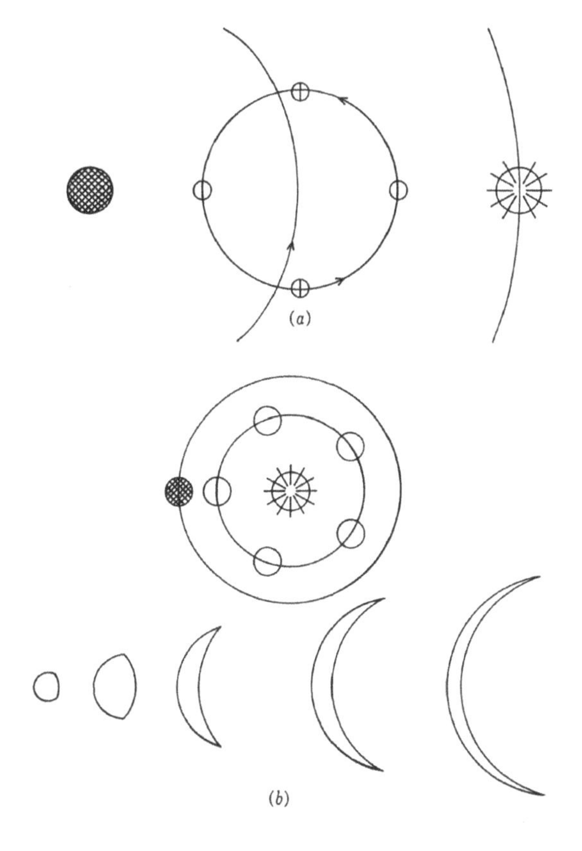

그림 5-6 | 금성의 위상 변화

오는 〈그림 5-6 ⒜〉와 같이 천동설이 옳다면 금성이 항상 초승달 모양이어야 하는데, 사실은 〈그림 5-6 ⒝〉처럼 그 위상이 변화되는 것을 관측하고 이는 지구를 포함한 행성들이 태양을 중심으로 공전하기 때문이라고 설명했다.

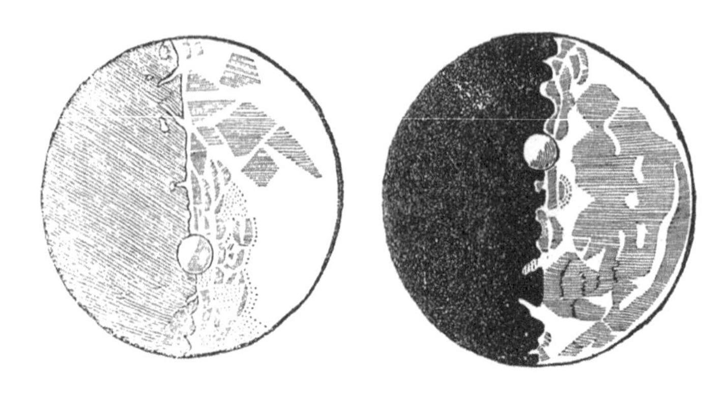

그림 5-7 | 갈릴레오가 관찰한 달의 모습

갈릴레오는 또한 스스로 만든 망원경을 통해 우주를 관찰하고 그 결과를 근거로 지동설을 지지했다. 그는 특히 〈그림 5-7〉과 같은 모습의 달을 관측하여 코페르니쿠스의 우주관을 실험적으로 증명했을 뿐만 아니라 프톨레마이오스와 아리스토텔레스의 우주관을 부정하는 증거를 제시했다. 〈그림 5-7〉은 표면이 울퉁불퉁한 달의 모습을 보여주는데, 이는 천상계가 완전하여 모든 행성과 항성이 완전한 구를 이루며 천상계에서는 운동도 완전한 원궤도를 따른다는 아리스토텔레스의 생각과 어긋난다.

16세기에 이르러 제기된 코페르니쿠스의 지동설이 17~18세기에는 갈릴레오와 뉴턴에 의해 천체의 운동을 지상의 운동법칙에 따라 설명하는 근대의 우주론으로 발달했으며, 그에 따라 천체와 지구의 구분이 없어졌다. 이와 동시에 항성에 대한 관심도 높아지고 그 범위가 수백 광년이나 되는 항성계로 뻗어 나갔다. 특히 18세기에는 허셜(Hirschel,

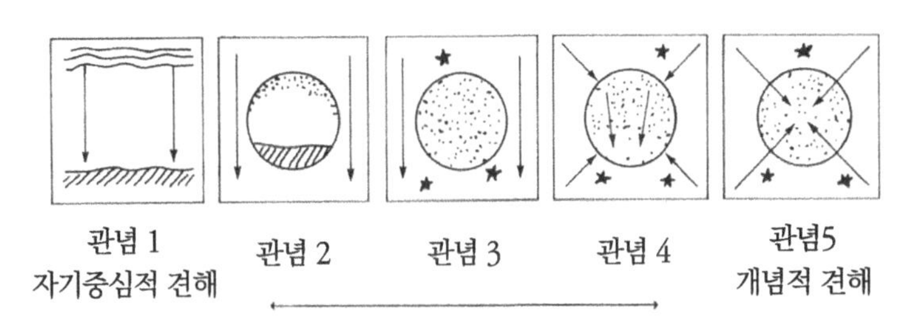

그림 5-8 | 아동들의 지구에 대한 기본 관념

1738~1822) 등에 의해 우주의 공간에는 우리의 태양계가 속해 있는 은하계와 비슷한 외부 은하계가 무수히 산재해 있다는 우주관이 확립되었다. 한편 1929년에는 허블(Hubble, 1889~1953)이 팽창하는 우주를 발견하여 대폭발설 혹은 팽창우주론이라고 하는 현대의 우주관이 확립되었다.

이상에서는 지구관 및 우주관의 변천 과정을 간단히 살펴보았다. 이미 지적한 대로 지구와 우주는 부분적으로는 관측할 수 있으나 전체적인 모습을 보기에는 한계가 있어서 그 본성이 밝혀지는 데도 긴 시간이 필요했다. 예컨대 광대한 우주의 크기를 측정할 수 있었던 것도 20세기에 이르러서야 비로소 가능했다. 이는 학생들이 올바른 지구관을 가지는 데도 상당한 지식과 지적 발달 수준이 요구될 것임을 시사하는데, 이 점에 대해서는 다음 절에서 더 상세하게 다룬다.

2. 학생들의 지구관

앞 절에서 살펴본 대로 지구는 고대인들이 관심을 가졌던 자연철학의 주제 중에서도 그들의 생활과 가장 밀접한 관련이 있다. 지구는 그 위에 인간이 살고 있다는 이유 하나만으로도 고대 때부터 인간의 관심 대상이 될 수밖에 없었다. 자연히 고대에는 지구가 천문학뿐 아니라 기상학, 지리학, 우주 구조론, 그리고 자연박물학의 주요한 취급 대상이 되었다. 고대에는 또한 목적론적 관점에서 지구의 속성과 특성을 해석하는 경향이었다. 즉 성경에 쓰인 우주와 만물의 창조설에 따라 지구에서 일어나는 모든 현상의 원인을 설명했다.

다른 분야의 과목과 비교해 볼 때 지구과학에서는 학생들의 직관적 관념이 상대적으로 적게 발견되고 있다. 오로지 지구와 우주의 관계에 대한 학생들의 직관적 관념만이 대체로 자세하고 철저하게 밝혀졌다. 이러한 이유는 지구관이 직접 경험할 수 있는 구체적인 개념과 그 체계이자, 추상적인 속성도 지니고 있는 과학적 이론이기 때문이다. 학생들이 지구와 우주에 대해 가지고 있는 개인 개념은 〈그림 5-8〉과 같이 대체로 다섯 단계의 기본 관념을 거치면서 발달한다.

〈그림 5-8〉에 나타낸 바와 같이 아동들의 지구관은 자기중심적 세계관인 천동설로부터 현대의 지동설과 같은 과학적 개념으로 변화된다. 이러한 발달과정은 아동들이 자연현상을 보고 해석하는 데 적용하는 기본 관점이 그들 나름의 자기중심적 기준계에 따라 피상적인 특징만을 지각

하는 단계로부터 본질적 실체를 개념화하는 단계로 변화되어 발달하고 있음을 보여준다. 〈그림 5-8〉에서 '관념 1'은 지구의 표면이 편평하다는 생각이다. 아동들은 이런 생각과 아울러 지구가 둥글다는 관점을 토대로 지구가 원반이나 접시와 같이 둥글다는 관념을 갖게 되고, 이런 관념을 바탕으로 지구의 구조와 그것의 역학적 현상들을 다양하게 인식하게 된다. 그들이 '관념 1'에 따라 지구를 인식한 대로 표현한 지구의 모습은 〈그림 5-9〉와 같다.

〈그림 5-8〉의 '관념 2'는 지구가 공과 같이 둥글다는 생각이다. 그러나 어린 학생들은 무한한 우주에 대한 관념을 갖고 있지 않기 때문에 하늘은 위쪽 우주의 끝이며 지구의 반대편 아래에는 땅과 대양이 있고 그것이 이 우주의 밑바닥이라고 생각한다. 어린 학생들이 '관념 2'를 통해서 본 우주관을 구체적으로 표현하면 〈그림 5-10〉과 같다.

'관념 2'와 같이 '관념 3'도 지구가 구형이며 우리는 이 지구의 위쪽에서만 살 수 있다는 생각이다. 그러나 '관념 3'은 '관념 2'와 달리 우주와 공간의 개념이 어느 정도 발달되어 있다. 이 관념에 따르면 하늘이 지구를 둘러싸고 있으며 지구의 아래쪽이나 우주의 아래쪽에는 어떤 구체적인 바탕이 없다고 볼 수 있다. 그러나 이러한 관념도 지구의 기준계에 따라서 우주의 상·하를 구분하지 못하기 때문에 자기중심적 지구관 또는 인간중심적 세계관을 벗어나지 못했다고 말할 수 있다. '관념 3'에 바탕을 둔 우주관을 구체적으로 묘사하면 〈그림 5-11〉과 같다.

〈그림 5-11〉에서 ⓐ는 돌을 위로 던졌을 때 움직이는 방향을 나타내

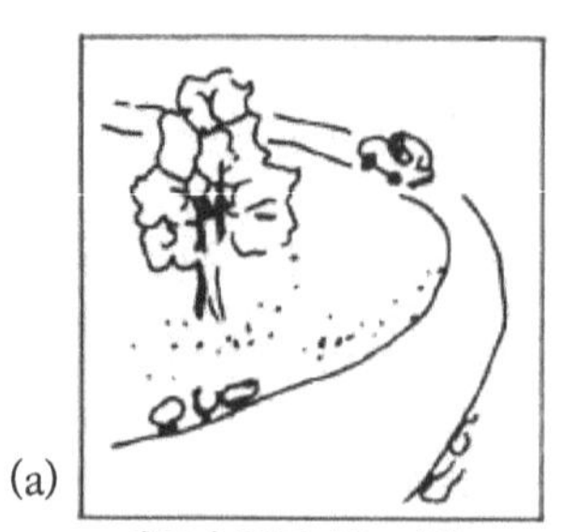

(a) 지구가 둥글다는 것은 길이 구부러져 있다는 것을 뜻한다.

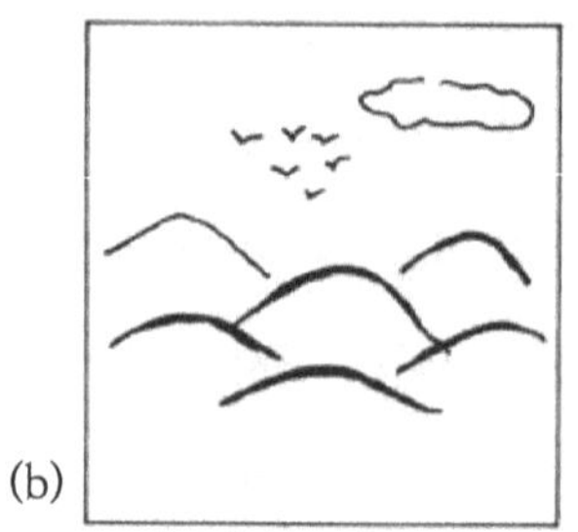

(b) 지구가 둥글다는 것은 산의 모습을 말한다.

(c) 지구는 하늘에 있는 어떤 행성을 나타낸다.

(d) 둥근 지구가 대양에 둘러싸여 있다.

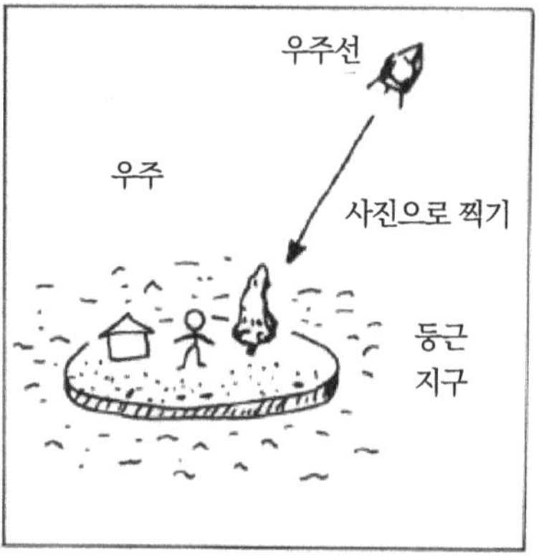

(e) 인공위성에서 본 지구는 이런 모습이다.

그림 5-9 | 관념 1에 바탕을 둔 지구관

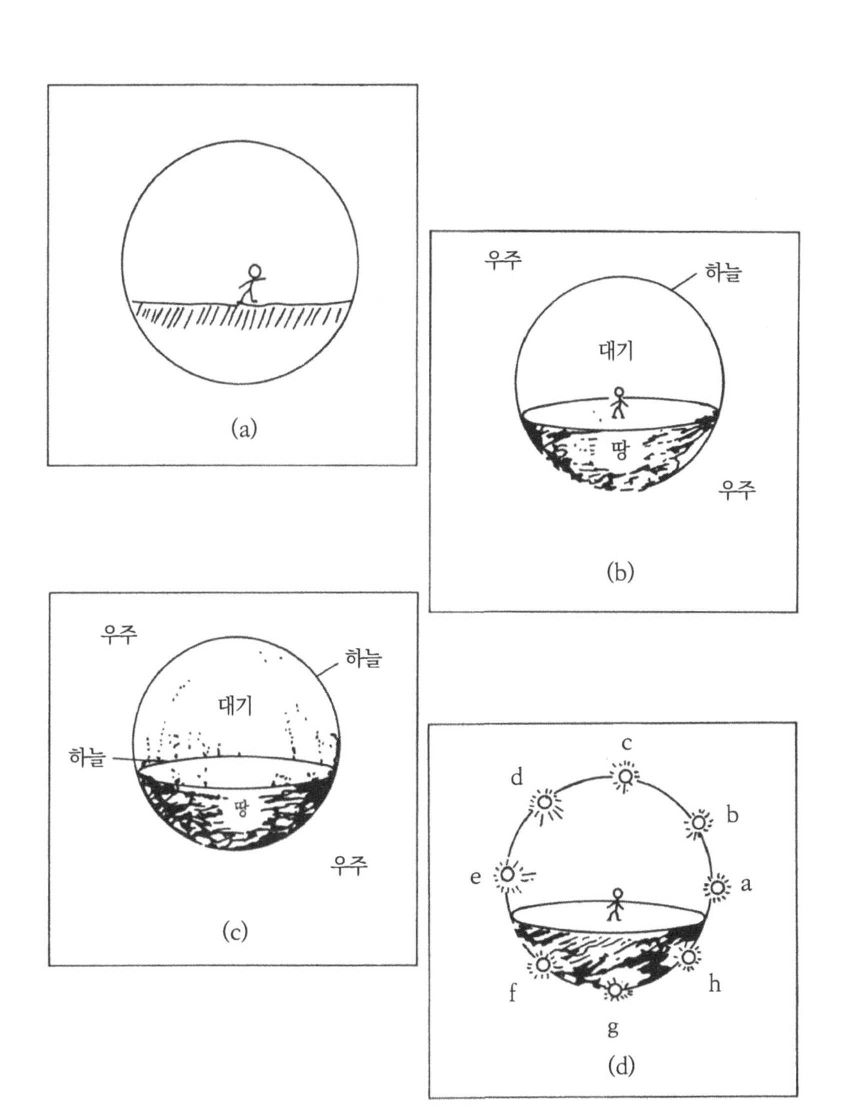

그림 5-10 | 관념 2에 바탕을 둔 지구관

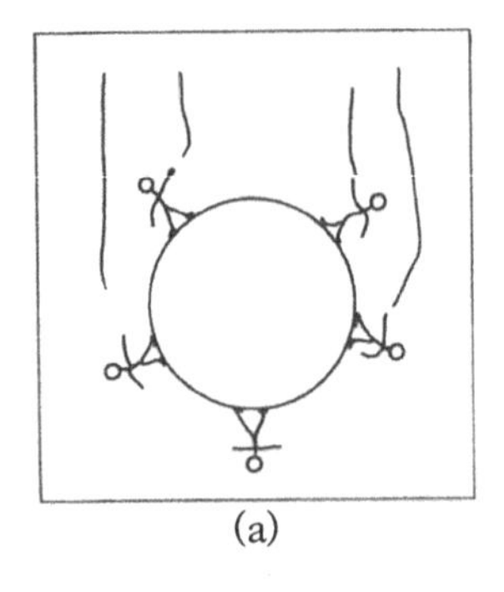
(a)

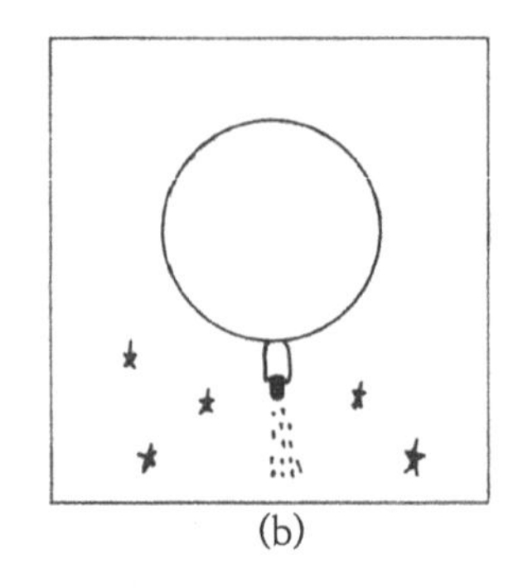
(b)

그림 5-11 | 관념 3에 바탕을 둔 지구관

고, (b)는 남극 지방에서 병 속의 물이 떨어지는 모습을 그린 것이다. 이 그림으로부터 알 수 있듯이 '관념 3'을 가진 학생들은 인간이 지구의 어디에서나 서 있을 수 있으나 모든 물체가 아래쪽, 즉 한쪽으로만 떨어지거나 힘이 가해진 방향으로만 움직인다고 생각한다. 이들은 지구 밖의 어떤 점을 기준으로 해 볼 때 자기가 위인지 또는 아래인지를 분명하게 인식하지 못한다.

'관념 4'는 지구라는 개념의 구성요소를 비교적 잘 보여주는 관념으로서 우리가 지구 위의 어디에서나 살 수 있다는 생각을 그대로 반영하고 있다. 이 관념은 지구를 기준계로 삼아 상·하의 방향을 인식하며, 모든 물체가 어디에서나 지구 표면으로 떨어진다는 생각이다. 그러나 이 관념은 지구의 중심에 대한 상·하의 방향을 올바로 말해 주지 못하기 때문에 이 관념을 갖고 있는 학생들은 〈그림 5-12〉와 같이 물체가 자신을 중심으로

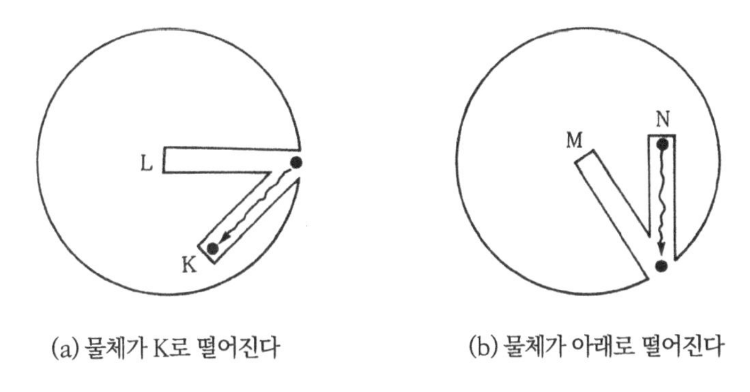

(a) 물체가 K로 떨어진다 (b) 물체가 아래로 떨어진다

그림 5-12 | 관념 4에 바탕을 둔 물체의 낙하 방향

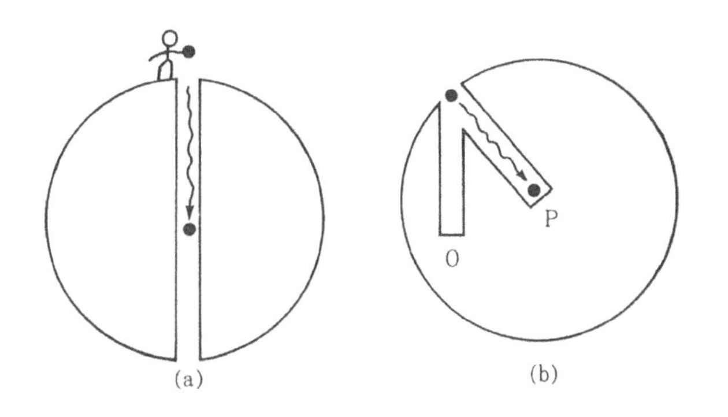

그림 5-13 | 관념 5를 갖고 있는 학생들의 지구관

볼 때 아래로 떨어진다고 생각한다.

'관념 5'는 현대적인 의미의 지구 개념으로서 지구의 중심에 따라 상·하의 방향을 판단하고 결정할 수 있는 관념이다. 따라서 이 관념을 가진 학생들은 문제의 상황에 상관없이 지구에 관한 어떤 문제에도 일관성 있게 이 관념을 적용할 수 있다. 〈그림 5-13〉에 나타낸 바와 같이 '관념

5'를 가지고 있는 학생들은 또 어느 상황에서나 현대의 지구관을 그대로 표현할 수 있으며, 지구와 우주의 관계도 이해할 수 있게 된다.

이상에서 살펴본 대로 학생들은 지구에 대한 그릇된 생각을 가질 수 있지만, 나이가 들어감에 따라 이는 과학지식으로 발달한다. 그런데 그들이 가지는 그릇된 생각은 학교에서 배운 지식과 혼합되어 그들이 지구와 관련된 현상의 속성 및 그 원인을 이해하는 데 저해요인으로 작용하기도 한다. 학생들에게 왜 겨울에는 춥고 여름에는 더운지 그 이유를 물을 때 많은 학생이 여름보다는 겨울에 지구와 태양 사이의 거리가 멀기 때문이라고 대답한다. 사실 지구상에 계절의 변화가 생기는 것은 〈그림 5-14〉와 같이 공전면에 대하여 66.5°로 기울어진 채 고정된 자전축을 중심으로 공전함으로써 지표면에 도달하는 일사량이 달라지기 때문이다. 실제

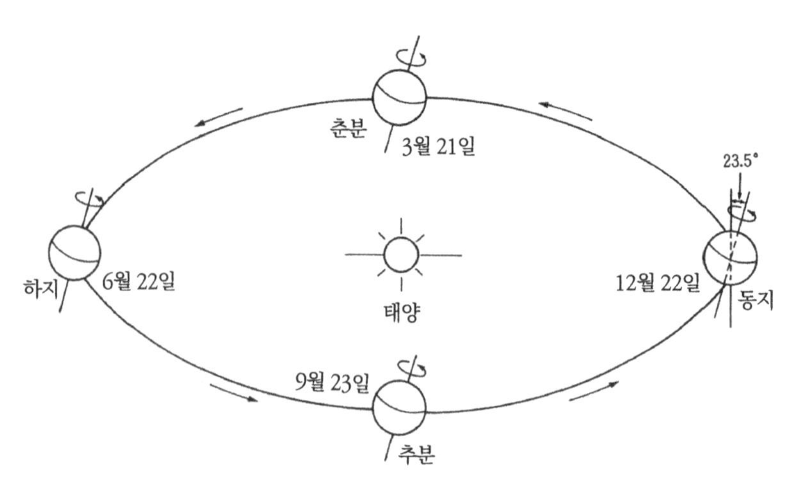

그림 5-14 | 지구의 자전축과 공전 궤도

로는 겨울보다 여름에 태양과 지구 사이의 거리가 더 멀다. 그러나 학생들은 지구가 태양이 그 한 초점에 있는 타원궤도를 따라 공전한다는 것을 배웠으며, 불에 가까이 갈수록 따뜻하다는 경험도 가지고 있어서 위와 같은 틀린 답을 제시하게 된다.

이처럼 지구관은 학생들이 학교 밖의 일상적인 생활 과정에서 겪은 경험이나 자연을 직접 탐구하는 과정에서 얻은 경험을 바탕으로 나이가 들어감에 따라 자연스럽게 획득되는 개념 중 하나다. 이 개념은 학교의 형식적 교육만을 통해서는 즉각적으로 내면화되지 않고 학년별로 독특한 관념의 형태 그대로 유지되는 경향이 짙다. 따라서 이런 개념은 한두 시간에 이루어지는 전통적인 학습지도의 전략과 그 방법을 통해서는 과학적 개념으로 쉽게 바뀌지 않는다.

3. 학생들의 우주관

우주는 우리의 태양계는 물론이고 모든 천체를 포함한 전체의 공간을 일컫는다. 우주는 모든 물질·시간·공간을 포괄하는 세계관의 의미로 쓰이기도 한다. 그러나 학생들이 가지고 있는 우주에 관한 지식은 그들의 경험과 관측의 범위에 한정될 수밖에 없었다. 따라서 그들의 우주에 관한 지식은 그릇된 관점을 이뤄 우주의 본성을 잘못 해석하게 되는 바탕이 된다.

학생들은 지구를 포함한 행성 및 항성의 크기, 운동, 태양계의 구조,

밤과 낮이 생기는 원인, 중력 등에 관하여 특히 많은 오인을 하게 된다. 어린 학생일수록 이 세상에서 지구가 가장 크고, 그다음이 태양이나 달이며, 항성이 가장 작다고 생각한다. 이는 그들이 자기중심적 생각 또는 인간중심적 사고방식을 벗어나지 못했음을 여실히 드러낸다.

저학년 학생들은 대개의 경우 지구는 움직이지 않고 정지해 있으며, 태양과 달은 위에서 아래로 혹은 아래에서 위로 운동하거나 동쪽에서 서쪽으로 움직인다고 생각한다. 이들 중에는 태양이 지구 주위를 돈다는 천동설의 관념을 가진 학생들도 있으며, 일부는 달이 밤에는 왼쪽에서 오른쪽으로 움직이지만 낮에는 전혀 움직이지 않는다고 말하기도 한다. 물론 지구뿐 아니라 태양과 달도 움직이지 않는다고 생각하는 학생들의 숫자도 적지 않다.

학생들에게 태양계의 그림을 보여주면서 지구, 태양, 달의 위치를 물을 경우 많은 학생이 태양을 지구로 지적한다. 그들에게 어떤 것이 태양인지를 물을 때 행성 중의 하나를 가리키는 경우가 보통이다. 그들은 달을 말하라고 할 경우에도 보통 달이 아닌 행성 중의 하나를 지적한다.

초등학교의 저학년 학생들은 밤과 낮이 생기는 이유도 목적론적 관점에 따라서 직관적으로 설명하는 경우가 많다. 그들은 밤에는 태양이 잠자러 산 아래로 내려가거나 숨는다고 말한다. 밤과 낮이 지구의 자전에 의해서 생긴다는 것을 생각할 수 있는 학생의 수는 매우 적다. 그들 가운데에는 지구 주위를 태양이 돌기 때문에 밤과 낮이 생긴다고 말한다. 또한 일부의 학생들은 지구가 태양의 주위를 돌기 때문에 생겨난다고 생각하기도 한다.

중력도 학생들이 잘못 알기 쉬운 개념 중 하나다. 일반적으로는 중력이 지상의 물체를 지구의 중심으로 끌어당기는 힘을 가리키지만 보다 넓은 의미로는 네 가지의 기본적인 힘 중의 하나로서 만유인력을 의미하기도 한다. 그러나 어린 학생들은 이 개념을 배우고 이해하는 데 어려움을 겪는다. 그들은 중력이란 사람을 지구 위에 고정시켜 주는 힘보다는 지구를 고정하는 힘으로 취급하기도 한다. 그들은 인간 모두가 지구의 위나 그 안에서 살고 있다고 보며 우리가 살고 있는 지구의 반대편에서도 살 수 있을 것이라는 경우를 전혀 생각하지 못한다. 일부의 학생들은 우리가 살고 있는 지구의 반대편에서도 사람이 살 수 있을 것으로 생각은 하지만 그들이 편히 살 수는 없을 것이라고 말한다.

4. 지진에 관한 학생들의 생각

일반적으로 지진은 지각의 내부에 일어나는 급격한 변화와 이로 인해 지각이 동요하는 현상을 말한다. 그러나 오늘날 그 속성이 잘못 이해되고 있는 경우가 일반적이다. 지진은 오래전부터 인간의 관심 대상이 되어 오긴 했지만, 그 의미는 16세기 이후에야 따지기 시작했다. 16~17세기경에는 지진이 지구가 소멸해 가는 증거라고 생각했다. 그것은 지구 내부의 불안정과 붕괴의 징표, 혹은 격분한 신의 표시로 생각되기도 했다. 이 당시의 일부 자연철학자들은 지진이 유해한 가스나 폭발성 화학물질이 축적된 결과라고 생각하기도 했다. 18세기에는 지진이 천둥과 관련 있는 전기설로 설명되는 경향도 있다.

현재까지 지진이 일어나는 원인과 과정이 완전히 밝혀지지는 않았지만, 그에 대해서 단층설, 마그마 관입설, 탄성반발설 등 다양한 이론이 제시되고 있다. 단층설은 단층을 경계로 한 양쪽의 암반이 급격하게 어긋남으로써 지진이 일어난다고 설명하며, 마그마 관입설은 고압상태의 마그마가 저항이 작은 부분으로 돌입하여 일어난다고 기술한다. 한편 탄성반발설은 지하에 저장된 에너지의 일부가 탄성 에너지로 전환되어 단층이 발생하고 그로 인해 지진이 일어난다고 설명한다.

학생들은 지진의 특성과 그것이 일어나는 원인을 여러 가지 지질학적 현상과 관련하여 설명하려는 경향을 보인다. 그들은 지진이란 지표면이 세게 흔들리고 큰 재앙을 가져오는 경우가 보통이라고 생각한다. 또한 지진이 지각 내의 열이나 센 압력으로 인해 일어난다고 생각한다. 이런 생각은 지진에 의해 건물, 집, 다리 등이 파괴되고 때로는 사상자를 냈던 과거의 큰 지진들을 바탕으로 가지게 된 것이다. 학생들은 이와 같이 생각하는 지진을 화산 활동과 혼동하는 경향마저 보인다. 즉 지진이 일어날 때는, 화산이 폭발할 때 용암이 방출되는 것과 마찬가지로, 항상 어떤 것이 분출된다고 본다.

지진이 일어나는 원인이야말로 저학년의 학생들이 이해하기 어려운 개념이다. 대다수의 초등학생들은 지진이 일어나는 정확한 원인을 이해하지 못하고, 그 대신에 지각과 지구핵이 상호 충돌하거나 지구핵이 너무 뜨거워져 지각에 충격을 가해 일어난다고 생각한다. 그들은 지구의 판(plate)이 움직이는 원인으로 태양열, 공기, 천둥이나 비, 바람 등을 제시하기도 한다.

이와 같은 원인으로 지진이 일어난다고 생각하는 학생들은 지진이 일어날 때 지구의 표면과 내부에 어떤 변화가 일어날지에 관해서도 잘못 예측하는 경우가 일반적이다. 지진이 일어날 때 지구의 표면이 깨지거나 갈라지며 구멍이 뚫릴 것이라고 대답하는 경우가 가장 흔하다. 대다수의 학생들은 지진이 일어날 때 지구 내부에 어떤 변화가 일어날지 잘 모르고 있으나 개중에는 용암이 끓고, 맨틀이 움직이며, 화산이 폭발한다고 생각하는 학생들도 있다.

이상에서 논의한 바와 같이 학생들은 지진의 의미와 그것이 일어나는 원인을 이해하는 데 어려움을 느낀다. 이에 대한 이유가 다양하겠으나 가장 근본적인 것은 그것이 일어나는 과정을 자세히 구체적으로 관찰할 수 없다는 데 있다. 지표면이 흔들리거나 여러 가지가 파괴되는 현상을 보고 그 원인을 추론할 수밖에 없다. 그런데 추론 결과의 타당성은 추론의 바탕이 되는 명제들의 타당성이 먼저 보장되어야 한다. 위와 같은 현상들은 모두 지진이 일어날 때만 관찰되는 것이 아니다.

6장

과학을 잘못 알기 쉬운 이유는?

과학은 배우기 어려울 뿐만 아니라 잘못 알기도 쉬운 학문의 한 분야이다. 그러나 모든 과학적 개념이 학습하기 어렵고 잘못 이해하기 쉬운 것은 아니다. 그것은 단지 이론적이고 추상적인 과학 개념에 한정된다. 추상적 과학 개념은 본질적 속성상 그 대상을 가시적으로 보이거나 지칭하기가 매우 어렵다. 따라서 그러한 개념은 그 대상을 직접 다루거나 기술하기보다는 누구에게나 친숙한 용어와 모형을 사용하여 표현하거나 일상적인 생활의 과정에서 획득하여 잘 알고 있는 내용과 비유·대비하여 설명할 수밖에 없다. 그런데 이때 사용되는 용어, 모형, 비유·대비 등 그 자체가 과학 개념이 지칭하는 궁극적 대상이 아니라는 데 문제가 있다. 과학 개념의 본질은 이 밖에도 경험의 범위와 한계, 학교의 교육과 각종 교수·학습 자료, 사회적 제도나 문화적 가치관, 그리고 전통적 관습 등을 통해서도 잘못 파악할 수 있다. 이 장에서는 이런 점을 중심으로 과학과 과학지식을 잘못 이해하기 쉬운 이유에 관하여 살펴본 다음, 이에 대한 현대의 인식론적 관점에 관하여 간단히 알아본다.

1. 언어의 사용

과학적 이론과 법칙의 의미 및 그 특성을 서술하는 데 일상적인 생활에서 쓰이고 있는 용어를 사용하는 경우가 드물지 않다. 예를 들어 원자의 '핵'과 세포의 '핵'은 핵물리학과 세포학에 전문적인 용어지만 일상생활 과정에서도 자주 쓰이고 있다. 학생들은 일상적인 생활 과정을 통해서 획득한 의미로 원자의 핵과 세포의 핵을 해석함으로써 각각 원자와 세포에 가장 중요한 부분으로 생각하게 된다. 그러나 원자의 핵은 원자를 이루는 구성요소 가운데 중성자와 양성자가 자리한 한 부분일 뿐이고, 세포의 핵은 여러 세포 내 소기관들 가운데 염색체와 인 등을 포함하고 있는 세포질의 한 부분에 불과할 뿐이다. 이 용어들이 각각 원자와 세포에 가장 중요하고 핵심적인 부분처럼 표현되고 있는 것은 과학적 용어가 그것이 지칭하는 실체를 나타낸다기보다는 인위적으로 구성된 의미에 지나지 않음을 반영한다.

일상생활에서 흔히 쓰이는 문맥도 학생들이 과학을 잘못 파악하게 하는 원인을 제공한다. 음식물은 일상생활에서는 먹고 마시는 음료수와 물질로 정의되지만, 생물학자들은 그것을 몸에 필요한 에너지를 제공하고 그 구성요소들을 제공하는 물질로 정의한다. 이 정의에 따르면 식물의 음식은 광합성을 통해서 합성한 유기물, 즉 햇빛과 외부로부터 흡수한 무기물을 이용하여 식물체 안에서 합성한 탄수화물이다. 그러나 학생들은 그들에게 식물의 음식이 무엇이냐고 물을 때 흔히 탄산가스, 산소, 물, 햇빛, 비료, 양분 등 식물이 외부로부터 흡수하는 물질이라고 대답한다. 이는 그들이 일상적으로 쓰고 있는 용어에 함축되어 있는 의미, 즉 사람이 먹고 마시는 것을 바탕으로 과도한 일반화를 시도했거나 그것을 논리적으로 비약한 결과다.

과학적 용어 중에는 비교적 오래전에 형성되어 아직까지도 사용되는 것이 드물지 않은데, 그 자체가 학생들이 그 말이나 단어와 관련된 내용을 이해하는 데 어려움을 주거나 잘못 알게 하는 근거를 제공한다. 이런 용어들은 제기된 당시의 의미를 그대로 전달함으로써 원래보다 훨씬 발달한 지식을 이해하는 데 저해요인으로 작용하게 된다. 현대의 과학자들은 열을 에너지의 한 형태로 취급하지만 엠페도클레스를 포함한 고대의 자연철학자들은 그것을 궁극적 물질로 취급했으며, 열소라고 하는 물질로 구성되었다고 생각하기도 했다. 열은 또한 흐름, 전도, 열량이라는 말들과 함께 사용됨으로써 학생들로 하여금 물질적인 본질로 생각하게 한다.

2. 모형과 은유법 및 비유법 사용

각종의 과학 교과서에는 과학적 개념, 법칙, 이론 등이 모형을 사용하거나 은유법 혹은 비유법을 이용하여 서술되고 있다. 원자와 DNA의 구조들은 그것의 본성을 표현하기 위해 모형을 사용 한 대표적인 예다. 〈그림 6-1〉에 나타낸 바와 같이 보어의 원자 모형은 태양계의 구조를 본뜬 것이다. 그러나 그것은 원자의 구조를 상상화한 모형일 뿐 원자 자체는 아니다. 〈그림 6-2〉와 같이 왓슨(Watson, 1928~)과 크릭(Crick, 1916~2004)이 제시한 DNA의 구조도 DNA의 모습을 그럴듯하게 나타내기 위해 뒤틀린 사다리의 모양을 빌어 그린 모형에 불과할 뿐 DNA의 실체는 아니다. 그러나 과학 교과서에는 그러한 모형을 각각 진짜의 원자와 DNA의 구조인 것처럼 서술하고 있는 경우가 보통이다. 입자나 분자의 운동도 흔히 모형으로 나타내는데, 이것들도 다른 모형과 마찬가지로 입자의 실제 운동을 표현하는 데는 한계를 드러낼 수밖에 없다. 어떠한 모형도 실제가 아니듯이 입자의 운동 모형도 입자들 사이의 실제 거리를 나타내기란 사실상 매우 어렵기 때문이다.

이상과 같이 과학적 이론과 법칙이 지칭하는 대상을 기술하거나 설명할 때는 으레 모형을 사용하게 마련이다. 모형은 어떤 현상이나 실체가 지니는 추상적인 속성을 가능한 한 알기 쉽게 설명할 수 있도록 단순화하고 형상화한 구조체계를 말한다. 그것은 또한 설명하고자 하는 현상과 대상의 형상을 본떠 만든 것으로서 그림이나 추상화한 구조를 뜻하기도 한

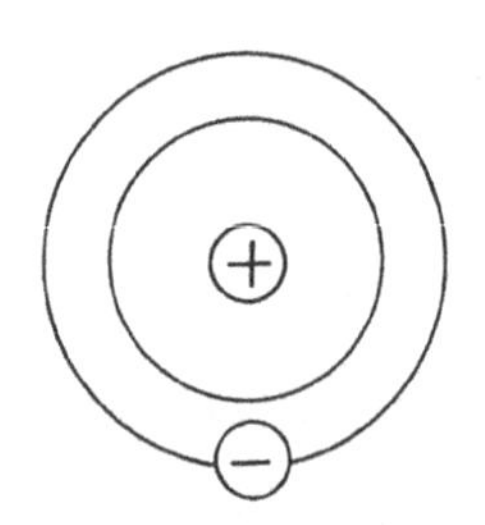

그림 6-1 | 보어의 원자 모형

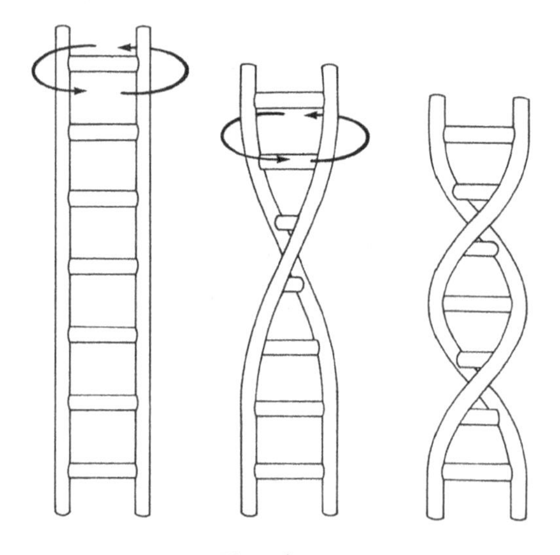

그림 6-2 | DNA 구조

다. 모형의 구조는 수식, 언어적 진술, 상징적 기호나 부호, 도표, 사진 등 여러 가지의 수단과 방법으로 표현할 수 있다. 모형이 지니는 이와 같은 특성이 암시하듯이 그것은 과학적 현상과 사물의 본질을 서술하기 위해

도입한 설명체계일 뿐 그 자체로 과학적 이론이나 법칙일 수는 없다. 일반적으로 모형은 과학적 이론과 법칙이 형성되는 과정의 맨 처음 단계에서 구조화된다. 그러므로 학생들이 모형을 통해서 과학적 법칙과 이론을 배울 경우 그 본성을 잘못 이해할 가능성은 얼마든지 있다.

모형은 잘 알려져 있지 않거나 새로운 현상을 비교적 친숙한 상황과 용어를 빌어 기술하고 설명하는 한 수단으로서 그 비유법으로는 주로 유사법과 은유법을 이용한다. 흔히 중학교 과학 교과서에는 전선을 통해 흐르는 전기를 수도관을 관통하여 흐르는 물에 비유하여 설명하고 있다. 또한 전압의 세기가 물의 높이에 따른 압력과 대응하여 설명되고 있다. 그러나 이와 같은 유사법으로부터 알 수 있듯이, 전기의 모형은 학생들이 전기의 흐름과 물의 흐름을 동일시할 수 있는 충분한 근거를 제공한다. 사실상 전기의 흐름과 물의 흐름은 근본적으로 다르다. 물의 흐름은 물분자의 이동을 의미하지만, 전기의 흐름은 전자보다 그것에 의해 생긴 자유에너지의 흐름으로 볼 수 있다. 더욱이 전기에 대한 내용의 표현은 일상적인 용어가 은유적으로 사용됨으로써 그 본성을 파악하는 데 어려움을 주거나 잘못 이해하게 하는 원인이 되기도 한다. 전류와 전압은 각각 일상적인 의미의 흐름과 압력의 의미를 사용하고 있다.

3. 경험의 한계

인간이 경험할 수 있는 대상과 범위는 매우 한정되어 있다. 아무리 해

상력이 좋은 전자현미경을 사용할지라도 관찰할 수 없는 극미의 물질이 있으며, 어떠한 망원경으로도 볼 수 없는 별들이 있을 만큼 이 우주는 넓다. 설사 전자현미경을 이용하여 아주 작은 물질을 본다고 할지라도 불확정성 원리에 의해 그것의 본질은 이미 변질되어 있으며, 망원경을 통해서 본 별은 몇억 광년 전의 것일 수도 있다. 이처럼 미시세계와 거시세계는 인간이 통제할 수 있는 범위를 초월하기 때문에 실제적인 실험도 불가능하며, 오로지 논리적 추론과 관찰만이 가능하다. 그런데 논리적 추론과 관찰은 제1장에서 지적한 바와 같이 과학의 본질을 밝혀주는 데 한계를 지니고 있다.

도구나 기구를 사용하지 않을 경우 과학의 대상과 범위는 더욱 한정된다. 이 때문에 고대의 자연철학자들은 질병의 원인을 병원균이 아니라 악마와 악령에 둘 수밖에 없었으며, 지구는 접시와 같이 둥글다고 생각할 수밖에 없었다. 우리는 지면과의 마찰로 자전거를 탈 수 있고, 자동차를 운전할 수 있으며, 넘어지지 않고 걸을 수도 있다. 그러나 그러한 상황에서 마찰 현상을 확인하기란 그렇게 쉽지 않다. 우리는 또한 자전거를 일정한 속도로 움직이기 위해서 일정한 힘으로 페달을 밟은 경험도 갖고 있는데, 이런 경험 때문에 우리는 장난감 자동차를 일정한 속도로 옮기기 위해서는 일정한 힘을 가해 주어야 한다고 생각하기 쉽다. 특히 어린 학생들이 움직이는 물체에 일정한 힘을 가하면 가속도가 붙는다는 사실을 관찰하거나 확인하는 건 어렵다. 그것을 이해한다는 것은 더욱 어렵다.

더욱이 인간의 경험은 그 자체로 결함을 지니고 있다. 특히 과학적 탐구 과정에서 겪게 되는 경험은 인간에게 현상 사이의 필연적인 관계를 직접 제시하지 못한다. 그러나 인간이 관심을 가지고 있는 자연은 인과관계와 같은 필연적인 연관을 통해서 이해되는 경우가 더 많다. 이런 분야에서는 단순히 지각적 경험만을 통해서 현상을 이해하려 할 경우 그것을 잘못 알거나 전혀 알지 못하게 된다. 예를 들어 자전거의 손잡이보다 쇠 부분이 왜 더 찬지에 관하여 경험은 기껏해야 상관관계만을 보여줄 뿐 그 이유를 정확하게 제시하지 못한다. 학생들은 그에 대한 경험을 통해서 부드러운 것은 딱딱한 것보다 더 따뜻하다는 생각만 가질 수 있을 뿐 열의 전도도를 지각할 수는 없다. 쇠보다는 나무가, 무명옷보다는 털옷이 더 따뜻하다는 것을 경험한 학생들일지라도 그 이유가 후자의 물질보다는 전자의 물질이 열을 더 잘 전달하기 때문이라는 것을 알지 못한다.

4. 학교의 과학교육과 교과서

현재 각급 학교에서 이루어지고 있는 과학교육은 학생들이 과학 개념의 의미를 제대로 이해할 수 있도록 도와주는 데 일차적인 목적이 있지만 그것을 잘못 파악하게 하는 원인을 제공하기도 한다. 학생들은 물론이지만, 과학 교사들도 과학 개념을 오인하는 경우가 없지 않은데, 특히 과학 교사들이 가지고 있는 과학 개념의 오인은 학생들에게 그대로 전달될 확률이 매우 높다. 과학교사의 교수 방법 또한 학생들이 과학 개념을 잘못 이해하게 하는 원인이 되기도 한다. 과학교사들은 대개의 경우 학생들에게 어떤 내용을 가르칠 때 그것을 완전히 이해시키기 위한 하나의 방법으로 한 용어와 다른 용어의 관계를 강조하거나 되풀이 사용하는 경향이 있다. 예컨대 DNA에서 단백질이 형성되는 과정을 설명할 때 아미노산이 기본 단위가 된다는 것을 강조하게 된다. 그에 따라서 학생들에게 mRNA가 번역된 산물이 무엇인지 물을 때, 많은 학생이 아미노산이라고 대답한다. 통상적으로 이와 같이 대답하는 학생들의 수가 그 산물은 호르몬이라고 말하는 학생들의 수보다 더 많다.

학생들은 종종 기체의 무게와 질량 그리고 부피를 혼동하는데, 이 경우도 수업 시간에 언급된 용어 사이의 관계가 잘못 연결된 데 기인한다. 무게는 물체에 작용하는 중력의 크기, 즉 물체의 무거운 정도를 말하며, 질량은 물체에 고유한 양으로서 그 물체에 작용하는 힘과 그로써 생기는 가속도의 비를 일컫는다. 그러나 과학교사들은 학생들이 이 두 용어를 쉽게 이해할 수 있도록 분명하게 구분하여 제시하지 않고 그들 자신이 오히려 혼용하는 경우도 있다.

학생들이 사용하는 과학 교과서도 과학 개념에 대한 오인의 주요한 출처가 되고 있다. 대다수의 고등학교 생물 교과서에는 특정 유전인자가 우성과 열성을 띠는 대립인자의 형태로 존재하고 있는 것으로 표현하고 있으며, 어떠한 형질도 반드시 그 두 가지 대립인자 사이의 상호작용을 통해 발현된다는 것을 강조한다. 예를 들면, 형질에는 우성과 열성이 있는데, 상동염색체가 우성 유전자와 열성 유전자로 짝을 이룰 때 우성의 형질이 발현되며 열성 유전자 둘이 짝을 이룰 때 열성이 발현된다고 설명한다. 이처럼 생물 교과서는 유전 현상을 두 가지의 대립 유전자로 설명함으로써 학생들이 한 유전자에는 반드시 두 가지의 대립 인자만이 있는 것으로 오해하는 원인을 제공한다. 생물 교과서에는 또한 혼합설에 의한 중간유전 현상을 설명함으로써 많은 학생이 혼합설 관점을 통해서 유전과 관련된 문제를 해결하려는 경향을 보인다. 앞의 절에서 이미 설명한 전기의 개념도 학생들이 사용하는 교과서를 통해서 그 본성을 잘못 이해할 수 있는 개념 가운데 하나다. 대부분의 중학교 과학 교과서에는 전류, 전압, 저항의 속성과 그 관계를 이해하기 어렵거나 잘못 알기 쉽게 표현하고 있다.

5. 사회적 전통과 문화적 가치

누구나 해는 동쪽에서 떠서 서쪽으로 진다는 말을 당연하게 생각한다. 그러나 이 말은 아리스토텔레스의 우주관, 즉 천동설에 근거를 두었을 때 의미가 있을 뿐 오늘날의 지동설에 비추어 본다면 타당한 말이 아니다. 우리는 또한 진심을 말하고 싶을 때 가슴에 손을 댄다. 이는 아리스토텔레스가 정신의 근원으로 생각했던 심장을 가리키는 행위다. 아리스토텔레스의 우주관, 천문학, 생물학, 철학 등은 과학 혁명에 의해 무너질 때까지 2000여 년 동안 인류의 사고방식을 지배했으며, 오늘날에도 남아 있는 흔적이 바로 이와 같은 것들이다.

이처럼 과학을 배우는 상황에서는 물론이고 과학자들의 연구에서도 전통적 관습을 벗어나기 어렵고, 당시의 문화·사회적 가치관을 버리기 어렵다. 학생들은 이른바 위대한 과학자들의 업적을 존경하고, 과학교사들의 권위를 인정하여 그들이 가르치는 내용을 그대로 받아들이며, 과학 교과서에 씌어진 내용에 신뢰감을 갖고 읽은 의미 그대로 해석하는 학습이 습관화되어 있다. 또한 과학자들도 당시의 패러다임을 과감하게 버리지 못하고, 그 패러다임의 정교화에 그들의 연구를 집중한다.

그러나 과학사에 기록되어 있듯이, 아무리 위대한 과학적 업적과 그 성과일지라도 과학과 기술이 발달하고 시대가 지남에 따라 그 진위와 타당성이 변한다는 데 문제가 있다. 고대로부터 2000여 년 동안 인류가 세계를 보는 기본 관점이 되었던 아리스토텔레스의 운동개념이 갈릴레오에 의해 무너지고 뉴턴의 고전역학으로 대체되었으며, 뉴턴의 고전역학은 다시 아인슈타인의 상대성 이론에 의해 그 유용성의 가치가 쇠잔해졌다. 이 점에서 과학자의 업적, 과학교사가 가르치는 내용, 그리고 각종의 과학 교과서에 포함된 내용은 절대적인 진리가 될 수 없다. 언제라도 새로운 증거나 관점에 따라 변할 수 있는 잠정적이고 가설적인 것에 불과하다. 그럼에도 불구하고 현행의 과학교육과 과학적 탐구는 그것들이 절대적인 진리라는 가정에서 시행되고 있다. 즉 언젠가는 옳지 않은 것으로 판명될 과학지식을 영원히 변치 않는 지식으로 취급하고, 그에 따라 과학이 교수되거나 학습되고, 자연에 대한 탐구가 이루어지고 있다.